과학탐구 영역(화학 I)

KB101710

1	⑤	2	④	3	②	4	④	5	①
6	④	7	①	8	⑤	9	①	10	③
11	②	12	③	13	②	14	④	15	⑤
16	①	17	④	18	②	19	③	20	⑤

해설

1. 정답 ⑤

ㄱ. 연소 반응은 발열 반응이다.

(ㄱ. 참)

ㄴ. (나)는 아세트산으로 식초의 주성분이다.

(ㄴ. 참)

ㄷ. (가)와 (나)는 모두 탄소 화합물이다.

(ㄷ. 참)

2. 정답 ④

BC_2는 OF_2이고, 따라서 AB는 CaO이다.

ㄱ. AB(CaO)는 이온 결합 물질이므로 액체 상태에서 전기 전도성이 있다.

(ㄱ. 참)

ㄴ. $BC_2(OF_2)$는 공유 결합 물질이다.

(ㄴ. 거짓)

ㄷ. $n = 2$이다.

(ㄷ. 참)

3. 정답 ②

(가)~(다)는 플루오린 화합물이다. 따라서, (가)는 CF_4이다. (가)의

$\dfrac{\text{공유 전자쌍 수}}{\text{비공유 전자쌍 수}}$ 는 $\dfrac{4}{12} = \dfrac{1}{3}$이다. (다)는 OF_2인데 OF_2의

$\dfrac{\text{공유 전자쌍 수}}{\text{비공유 전자쌍 수}}$ 가 $\dfrac{1}{4}$이므로 (가)와 (다)의 $\dfrac{\text{공유 전자쌍 수}}{\text{비공유 전자쌍 수}}$

값은 4 : 3이다. 따라서 $x = 3$이다.

따라서, (가)는 CF_4, (다)는 OF_2이고 $x = 3$이다.

ㄱ. (가)(CF_4)는 입체 구조, (나)(BF_3)는 평면 구조이다.

(ㄱ. 거짓)

ㄴ. $x = 3$이다.

(ㄴ. 참)

ㄷ. $XY_2(CO_2)$에는 이중 결합만 2개 존재한다.

(ㄷ. 거짓)

4. 정답 ④

부분적인 음전하를 띠면서 극성 분자인 분자는 HF, HCl, FCN, CH_2O, OCl_2 등이 있고, 부분적인 음전하를 띠지만 무극성 분자인 분자는 CF_4, C_2H_2, C_2H_6 등이 있다.

5. 정답 ①

$H_2O(l)$을 넣고 시간이 지남에 따라 $\dfrac{\text{⊙의 양(mol)}}{\text{ⓒ의 양(mol)}}$ 이 감소했으므로

⊙은 $H_2O(l)$, ⓒ은 $H_2O(g)$이다. (가)에서는 $\dfrac{\text{⊙의 양(mol)}}{\text{ⓒ의 양(mol)}}$ 의 값이

t_2 이후로 일정하므로, t_2 이후로는 동적 평형 상태임을 알 수 있다.

ㄱ. 각각의 용기에서 온도가 일정하므로 증발 속도도 일정하다.

(ㄱ. 거짓)

ㄴ. (나)에서 처음에 $H_2O(l)$를 4mol 넣었다고 가정하면 t_1일 때 $H_2O(g)$의 양이 1mol, t_2일 때 $H_2O(g)$의 양이 2mol이다. t_2일 때는 동적 평형 상태에 도달하기 전이므로 t_3일 때 $H_2O(g)$의 양은 2mol보다 크다.

따라서, $\dfrac{t_3\text{일 때 } H_2O(g)\text{의 양(mol)}}{t_1\text{일 때 } H_2O(g)\text{의 양(mol)}} > 2$이다.

(ㄴ. 참)

ㄷ. t_2일 때, (가)에서는 동적 평형에 도달했으므로 $\dfrac{\text{응축 속도}}{\text{증발 속도}}$ 의

값이 1이고, (나)에서는 동적 평형 도달 전이므로 $\dfrac{\text{응축 속도}}{\text{증발 속도}}$ 의

값이 1보다 작다. 따라서, $\dfrac{\text{응축 속도}}{\text{증발 속도}}$ 는 (가) > (나)이다.

(ㄷ. 거짓)

6. 정답 ④

바닥상태 알루미늄에 전자가 들어 있는 오비탈은 $1s$, $2s$, $2p$, $3s$, $3p$이다. 각각의 오비탈에 대해 $\dfrac{n + m_l}{n + l}$과 $n - l$의 값을 순서대로 표로 나타내보자.

$1s$	$2s$	$2p_{-1}$	$2p_0$	$2p_1$	$3s$	$3p_{-1}$	$3p_0$	$3p_1$
1	1	$\dfrac{1}{3}$	$\dfrac{2}{3}$	1	1	$\dfrac{1}{2}$	$\dfrac{3}{4}$	1
1	2	1	1	1	3	2	2	2

$n - l = 3$인 것은 $3s$뿐이므로 (라)는 $3s$이다. 또한, $\dfrac{n + m_l}{n + l}$은

상댓값에서 $\dfrac{1}{6}$배를 해야 실제값임을 알 수 있다. 따라서 $\dfrac{n + m_l}{n + l}$는

(가)~(다)에서 각각 $\dfrac{1}{2}$, $\dfrac{2}{3}$, 1임을 알 수 있다. 따라서, (가)와 (나)는 각각 $3p_{-1}$, $2p_0(2p_x$는 $m_l = x$임을 의미)이고, (다)는 $2s$ 또는 $3p_1$인데, 알루미늄에서는 $3p$ 오비탈 중 한 오비탈에만 전자가 들어가므로 (다)는 $2s$이다.

따라서, (가)~(라)는 각각 $3p_{-1}$, $2p_0$, $2s$, $3s$이다.

ㄱ. $a=2$, $b=1$이므로 $a+b=3$이다.

(ㄱ. 참)

ㄴ. m_l은 (다)와 (라) 모두 0으로 같다.

(ㄴ. 거짓)

ㄷ. 에너지 준위는 (가)>(나)>(다)이다.

(ㄷ. 참)

---

7. 정답 ①

7~13번에서 홀전자 수, p오비탈 수, $\dfrac{홀전자\ 수}{p\ 오비탈\ 수}$, s오비탈 전자 수를 표로 정리해보자.

3	2	1	0	1	0	1
3	3	3	3	3	3	4
1	$\frac{2}{3}$	$\frac{1}{3}$	0	$\frac{1}{3}$	0	$\frac{1}{4}$
4	4	4	4	5	6	6

$\dfrac{홀전자\ 수}{p\ 오비탈\ 수}$가 같은 원자는 (Ne과 Mg) 또는 (F과 Na)이다. 이때, s오비탈 전자 수 비가 X : Y : Z = 2 : 3 : 3이다. 즉, s오비탈 전자 수가 각각 4, 6, 6이다. 따라서, Y와 Z는 각각 Mg, Al 중 하나일 것이고, 따라서, W와 X는 (Ne과 Mg)가 될 수 없다. 그러므로, W는 Na, X는 F이다. $\dfrac{제2\ 이온화\ 에너지}{제1\ 이온화\ 에너지}$는 Al > Mg이므로 Y는 Al, Z는 Mg이다.

따라서, W~Z는 각각 Na, F, Al, Mg이다.

ㄱ. 원자 반지름은 W(Na)가 가장 크다.

(ㄱ. 참)

ㄴ. 원자가 전자의 유효 핵전하는 Z(Mg) < Y(Al)이다.

(ㄴ. 거짓)

ㄷ. 이온 반지름은 X(F) > W(Na)이다.

(ㄷ. 거짓)

---

8. 정답 ⑤

각각의 기준에 따라 분류하면 다음과 같다.

기준	예	아니오
다중 결합?	C_2F_4, COF_2	NH_3, H_2O
무극성 공유 결합?	C_2F_4	NH_3, H_2O, COF_2

ㄱ. (나)와 (라)에 모두 해당되는 분자는 NH_3, H_2O로 2가지이다.

(ㄱ. 거짓)

ㄴ. C_2F_4는 (가)와 (다)에 모두 해당된다.

(ㄴ. 참)

ㄷ. (가)와 (라)에 모두 해당되는 분자는 COF_2이고 구조는 평면 삼각형이다.

(ㄷ. 참)

---

9. 정답 ①

(가)에서 (나)로 갈 때, 양이온의 양이 증가하므로 ⊙은 B여야 한다. 또한, 처음에 양전하량이 총 $12N$인데, (나)에서도 양전하량이 보존되어야 하므로 (나)에는 B^+ $12N$이 존재한다. (다)에서도 양전하량이 유지되어야 하므로 (다)에서는 B^+ $6N$, C^{3+} $2N$이 존재한다.

ㄱ. ⊙은 B(s)이다.

(ㄱ. 거짓)

ㄴ. (나)에서 A^{2+}는 A가 되므로 환원되었다. 즉, A^{2+}는 산화제이다.

(ㄴ. 참)

ㄷ. (다)의 수용액에서 $\dfrac{C^{3+}의\ 양(mol)}{B^+의\ 양(mol)} = \dfrac{1}{3}$이다.

(ㄷ. 거짓)

---

10. 정답 ③

ㄱ. X의 평균 원자량을 구하면 $63 \times 0.7 + 65 \times 0.3 = 63.6$이다.

(ㄱ. 참)

ㄴ. 화학식량이 82인 XO는 $^{65}X^{17}O$이고, 화학식량이 79인 XO는 $^{63}X^{16}O$이다. 각각의 존재 비율은 $0.3b\%$, $0.7a\%$이다. 따라서, $\dfrac{화학식량이\ 82인\ XO의\ 존재\ 비율(\%)}{화학식량이\ 79인\ XO의\ 존재\ 비율(\%)} = \dfrac{3b}{7a}$이다.

(ㄴ. 참)

ㄷ. 1mol의 XO 중 화학식량이 83인 XO의 양은 $\dfrac{3c}{1000}$mol이고, 한 분자 당 중성자 수는 46이다. 따라서, 전체 중성자 수는 $\dfrac{69c}{500}$mol이다.

(ㄷ. 거짓)

---

11. 정답 ②

원자 반지름은 Al > C > N > O이다.
제1 이온화 에너지는 N > O > C > Al이다.
전기 음성도는 O > N > C > Al이다.
원자 반지름과 제1 이온화 에너지 모두 X > Y이므로 X는 N, Y는 O이다. 전기 음성도는 Z > W이므로 Z는 C, W는 Al이다.
따라서, W~Z는 각각 Al, N, O, C이다.

ㄱ. W(Al), X(N)는 서로 다른 주기이다.

(ㄱ. 거짓)

ㄴ. 홀전자 수는 X(N)는 3, Z(C)는 2이므로 X > Z이다.

(ㄴ. 참)

ㄷ. p 오비탈에 들어 있는 전자 수 비는 Y : Z = 4 : 2 = 2 : 1이다.

(ㄷ. 거짓)

---

12. 정답 ③

(가)에서 혼합 용액의 부피는 $(50+x)$mL이므로 용질의 양이 보존된다는 것을 이용해 식을 세우면

$$0.5 \times 50 + 0.2 \times x = 0.4(x+50)$$

이므로, $x=25$이다.

(나)에서 혼합 용액의 부피는 $(20+y)$mL이므로 이를 이용하여 위와 같이 식을 세우면

$$0.4 \times 20 = 0.2 \times (20+y)$$

이므로, $y=20$이다.

(다)에서 물을 혼합하기 전 용액의 부피는 $\dfrac{w}{d_2}$mL, 혼합 용액의 부피는 $\dfrac{100}{d_1}$mL이다. 이를 이용하여 위와 같이 식을 세우면

$$0.2 \times \frac{w}{d_2} = 0.1 \times \frac{100}{d_1}$$

이므로, $\dfrac{d_1}{d_2} = \dfrac{50}{w}$ 이다.

따라서, $\dfrac{d_1}{d_2} \times \dfrac{y}{x} = \dfrac{50}{w} \times \dfrac{20}{25} = \dfrac{40}{w}$ 이다.

---

13. 정답 ②

$n - l = 1$인 오비탈은 $1s$, $2p$이고 $n - l = 2$인 오비탈은 $2s$, $3p$, $n - l = 3$인 오비탈은 $3s$이다. 만약, $a = 3$이라면 $n - l = 3$인 전자 수가 2를 넘을 수 없으므로 $2 : 3$이라는 비율도 나올 수 없다.

또한, $a = 1$이라면 3주기에서 $n - l = 1$인 전자는 모두 8로 같으므로 $2 : 3$이라는 비율이 나올 수 없다.

따라서, $a = 2$이다.

($m_l = x$인 p오비탈을 p_x라고 하자.)

3주기 바닥상태 원자에 대하여 $n + m_l = 3(2p_{+1}, 3s, 3p_{+1})$인 전자 수, $n - l = 2$인 전자 수, $m_l = +1$인 전자 수를 정리해보자.

3	4	4/5	4/5	5	5/6	5/6	6
2	2	3	4	5	6	7	8
2	2	2/3	2/3	3	3/4	3/4	4

$n - l = 2$의 전자 수 비는 $X : Z = 2 : 3$이다. 만약 X와 Z에서 $n - l = 2$인 전자 수가 2, 3이라면 X에서 $n + m_l = 3$인 전자 수는 5가 아니다. 따라서, $n - l = 2$인 전자 수는 X는 4, Z는 6이고 X = Si, Z = S이다.

또한, $m_l = +1$인 전자 수는 $X : Y = 3 : 4$이므로 Y는 Cl이다.

(Ar은 $n + m_l = 3$인 전자 수가 6이다.)

전자 배치를 하면 다음과 같다. 표의 숫자는 오비탈에 들어간 전자 수이다. (?는 각각 1, 2 중 하나이다. 확정되지 않는다.)

	1s	2s	2p			3s	3p		
m_l	0	0	-1	0	1	0	-1	0	1
X(Si)	2	2	2	2	2	2	0	1	1
Y(Cl)	2	2	2	2	2	2	2	1	2
Z(S)	2	2	2	2	2	2	?	1	?

ㄱ. 원자가 전자 수는 Y(Cl) > Z(S)이다.

(ㄱ. 거짓)

ㄴ. $l + m_l = 0$인 전자(s, p_{-1}) 수 비는 $X : Y = 8 : 10 = 4 : 5$이다.

(ㄴ. 참)

ㄷ. 전자가 모두 들어 있는 p오비탈 수는 X에서 3개, Z에서 4개이다.

(ㄷ. 거짓)

---

14. 정답 ④

Na, Mg, Al에 대하여 반응식을 완성해보자.

$$2Na + 2HCl \rightarrow 2NaCl + H_2$$
$$Mg + 2HCl \rightarrow MgCl_2 + H_2$$
$$2Al + 6HCl \rightarrow 2AlCl_3 + 3H_2$$

HCl $1mol$이 모두 반응하여 이온이 총 $1.5mol$이 생긴다. 따라서, X는 Mg이다.

Mg는 $4w\,g$ 반응했고, HCl은 $1mol$ 반응했다. 이때, Mg와 HCl의 반응 비는 $1 : 2$이므로 Mg $4w\,g$은 $0.5mol$이다. 따라서, $x = 8w$이다.

또한, H_2는 $0.5mol$ 생성되었으므로 $V = 12$이다.

따라서, $\dfrac{V}{x} \times \dfrac{m}{n} = \dfrac{12}{8w} \times \dfrac{1}{2} = \dfrac{3}{4w}$ 이다.

---

15. 정답 ⑤

I의 산화수는 7에서 3으로 감소하였다.

산화되는 물질은 H_2O_2 뿐이므로, O의 산화수는 -1에서 0으로 증가하였다.

따라서, H_2O_2의 O와 I는 $4 : 1$로 반응한다. 그러므로 $a : c = 2 : 1$이고 반응물의 개수를 맞추면 $a : b : c : d : e = 2 : 1 : 1 : 2 : 2$이다.

산화제는 IO_4^-이므로 IO_4^-와 O_2의 반응비는 $1 : 2$이므로 $x = 2$이다.

그러므로, $\dfrac{c + e}{b} \times x = 6$이다.

---

16. 정답 ①

(가)와 (나)에서 H_3O^+의 양에 대해 주어진 조건을 통해 식을 세우면

$$\frac{10^{-x} \times 20}{10^{-13+x} \times 200} = 10^{12-2x} = 10^{-4}$$

따라서, $x = 8$, $y = 1$이다.

ㄱ. $x + y = 9$이다.

(ㄱ. 거짓)

ㄴ. (가)~(다) 중 (나)만 산성이다.

(ㄴ. 참)

ㄷ. (나)에서 H_3O^+의 양은 $2 \times 10^{-6}\,mol$이고, (다)에서 OH^-의 양은 $10^{-3}\,mol$이다. 따라서, (나)에서 H_3O^+의 양은 (다)에서 OH^-의 양의 $\dfrac{1}{500}$ 배이다.

(ㄷ. 거짓)

---

17. 정답 ④

식초 A $20g$이 $50mL$이고 $50mL$ 중 $10mL$가 적정에 이용되므로 A $4g$과 NaOH를 적정하는 상황이다.

즉, A $4g$에 들어 있는 아세트산의 양은 적정에 이용된 NaOH의 양과 같으므로 A $4g$에 들어 있는 아세트산 양은 $a \times 1 \times 0.04\,mol = 0.04a\,mol$이다.

즉, A $4g$에 아세트산 $2.4a\,g$ 들어 있으므로 $w_1 = 0.6a$이다.

B도 위와 같은 방식을 이용하면 B $4g$에 들어 있는 아세트산의 양은 $0.025a\,mol = 1.5a\,g$이므로 $w_2 = \dfrac{3}{8}a$이다.

따라서, $w_1 + w_2 = \dfrac{39}{40}a$이다.

---

18. 정답 ②

각 과정에서 물이 생기므로 I은 염기성, II는 산성이다. 또한 각 용액의 부피는 50, 80, $(80 + V)$ mL이다. 이와 몰 농도를 곱하면 전체 이온 수는 I에서 $18mmol$, II에서 $25mmol$이다.

I에서 생성된 물의 양은 I의 ($Na^+ - OH^-$)의 양과 같고, II에서 생성된 물의 양은 I에서 남은 OH^-의 양과 같다. 이때, I에서 OH^-의 양을 $4k$라 하면, Na^+의 양이 $9k$이다. 또한, I에는 1가 산 염기만 존재하므로 전체 양이온 수는 전체 이온 수의 절반임을 알 수 있다.

전하량 보존과 이온 수가 $25mmol$인 것을 이용하면 II에서 B^{2-}가 $5mmol$임을 알 수 있다.

	H^+	Na^+	A^-	B^{2-}	OH^-
I	0	9	5	0	4
II	6	9	5	5	0
III	3	12	5	5	0

또한, III에서 생성된 물의 양이 3mmol이여야 하므로 위와 같아진다.
따라서, $V=10$이다.

또한, $x = \dfrac{25}{90} = \dfrac{5}{18}$, $a = \dfrac{5}{20} = \dfrac{1}{4}$, $b = \dfrac{5}{30} = \dfrac{1}{6}$이다.

따라서, $\dfrac{a+b}{x} \times V = \dfrac{\frac{5}{12}}{\frac{5}{18}} \times 10 = 15$이다.

19. 정답 ③

A는 고체, B, C는 기체이다.

II, III에서 전체 기체의 밀도가 같다. 만약 B가 남았다고 가정해보자. 남은 반응물의 질량이 같으므로 반응 비는 다를 것이며, 따라서, 생성된 C의 양도 다르다. 따라서 전체 기체의 밀도가 같을 수 없다.

만약, B와 C가 분자량이 같은 경우, 밀도가 같을 수 있겠지만 실험 I에서 전체 기체의 밀도가 다르므로 두 기체의 분자량이 같을 수는 없다. 따라서, II와 III 모두 B가 남은 경우는 불가능하다.

II, III에서 남은 반응물의 종류가 다르다면 한 실린더에는 기체가 C만, 한 실린더에는 기체가 B, C 존재한다. 이 경우에는 전체 기체의 밀도가 같을 수 없다. 그러므로, II, III에서 모두 $A(s)$가 남았다.

전체 기체의 밀도와 전체 기체의 양을 곱하면 전체 기체의 질량과 비례한다. 이때, I에서는 $A(s)$가 모두 반응하므로 전체 기체의 질량이 반응 전 전체 물질의 질량과 같다. 따라서, I~III에서 전체 기체의 질량은 $15w$, $11w$, $22w$이다.

II, III에서 기체는 C 뿐인데 C의 양이 1:2이므로 반응한 양도 1:2이다.

이때, II, III에서 남은 반응물의 질량이 같고, 반응한 양이 1:2임을 이용하면 II에서 $A(s)$가 $3w$g 반응한다는 것을 알 수 있다.

II	$aA(s)$	$B(g)$	$aC(g)$
전	$6w$g	$8w$g	
중	$-3w$g	$-8w$g	$+11w$g
후	$3w$g		$11w$g

따라서, $x=8$이다. 또한, 이때 C의 양을 2mol이라 하자.

I	$aA(s)$	$B(g)$	$aC(g)$
전	$3w$g	$12w$g	
중	$-3w$g	$-8w$g	$+11w$g
후		$4w$g	$11w$g

이때, C의 양 역시 2mol 이므로, B $4w$g은 1mol이다.
따라서, $a=1$이다.
또한, A와 B의 화학식량 비율은 3:8이다.

따라서, $\dfrac{A의\ 화학식량}{B의\ 분자량} \times x = \dfrac{3}{8} \times 8 = 3$이다.

20. 정답 ⑤

단위 질량 당 XY_m의 양의 비와 질량비를 곱하면 XY_m의 양의 비가 나온다. 따라서, (가)와 (나)에서 XY_m의 양의 비는 1:2이다.

또한, 질량과 1g당 전체 원자 수를 곱하면 전체 원자수의 비가 나온다. 따라서, 전체 원자 수의 비는 5:6이다.
위의 사항들과 X, Y 원자 수 비 조건을 바탕으로 표를 정리해보자.
(가)의 XY_m를 1mol로 가정하자.

	XY_m	XZ_2	Y_2Z_2	X	Y	Z
가	1	$m-1$	0	m	m	$2m-2$
나	2	0	$4-m$	2	8	$8-2m$

이때, 전체 원자 수 비가 5:6이므로 $(4m-2):(18-2m) = 5:6$이다. 그러므로, $m=3$이다.

	X	Y	Z
가	3	3	4
나	2	8	2

이때, X~Z의 원자량을 각각 2, 1, z라 하면 전체 질량비에 의하여
$(4z+9):(2z+12) = 22:23$이다. 따라서, $z = \dfrac{19}{16}$이다.

그러므로, $\dfrac{(가)에서\ XZ_2의\ 질량(g)}{(나)에서\ XY_m의\ 질량(g)}$

$= \dfrac{2 \times \frac{35}{8}}{2 \times 5} = \dfrac{7}{8}$

이다.

과학탐구 영역(화학 I)

정답

1	④	2	③	3	①	4	③	5	⑤
6	③	7	②	8	②	9	⑤	10	②
11	⑤	12	④	13	④	14	⑤	15	①
16	①	17	③	18	④	19	②	20	②

해설

1. 정답 ④

ㄱ. 아세트산을 물에 녹인 수용액은 산성 수용액이다.

(ㄱ. 참)

ㄴ. 염화 칼슘은 탄소 화합물이 아니다.

(ㄴ. 거짓)

ㄷ. 주위의 온도가 낮아졌으므로 흡열 반응이다.

(ㄷ. 참)

2. 정답 ③

ㄱ. 그래프를 통해 원자 번호가 증가할 수록 유효 핵전하 차이가 증가함을 알 수 있다. 따라서 '커진다'는 ⊙으로 적절하다.

(ㄱ. 참)

ㄴ. $Z-Z^*$이 2주기 모든 원자에 대해 0 이상이므로, O의 원자가 전자가 느끼는 유효 핵전하는 8보다 작다.

(ㄴ. 거짓)

ㄷ. 자료를 통해 C의 $Z-Z^*$는 2.86이고, 따라서 C의 원자가 전자가 느끼는 유효 핵전하는 3.14이므로 3보다 크다.

(ㄷ. 참)

3. 정답 ①

W~Z는 각각 F, O, C, N이다.

ㄱ. W는 17족 원소이다.

(ㄱ. 참)

ㄴ. N_2F_4는 모두 단일 결합으로 이루어져 있다.

(ㄴ. 거짓)

ㄷ. (가)의 결합각은 약 104.5°이고, (다)의 결합각은 180°이다.

(ㄷ. 거짓)

4. 정답 ③

ㄱ. 같은 족에서 이온화 에너지는 주기가 클수록 작아진다. 따라서 제1 이온화 에너지는 V > Y이다.

(ㄱ. 참)

ㄴ. 원자가 전자 수는 X > W이다.

(ㄴ. 거짓)

ㄷ. 원자가 전자가 느끼는 유효 핵전하는 Z > Y이므로, 이온의 반지름은 Y > Z이다.

(ㄷ. 참)

5. 정답 ⑤

W~Z는 각각 K, F, O, H이다.

ㄱ. W(s)는 연성(뽑힘성)이 있다.

(ㄱ. 참)

ㄴ. XYZ는 전자를 공유하여 결합하므로, 공유 결합 물질이다.

(ㄴ. 참)

ㄷ. W와 Y는 2:1로 결합하여 안정한 화합물을 형성한다.

(ㄷ. 참)

6. 정답 ③

반응 전 후 실린더 내 전체 몰 수를 각각 $4N$, $3N$ mol이라 하자. A와 C의 반응식 계수가 같으므로, B가 반응한 몰수만큼 감소함을 알 수 있다. 따라서 초기 B는 N mol 존재했으며, 이를 통해 반응 전 후 A의 몰수는 각각 $3N$, N mol이 존재했음을 알 수 있다.

$$\therefore \frac{\text{반응 전 실린더 내 } A(g)\text{의 양(mol)}}{\text{반응 후 실린더 내 } A(g)\text{의 양(mol)}}=3$$

7. 정답 ②

ㄱ. t_1일 때는 동적 평형에 도달하지 못했으므로 응축 속도는 t_1일 때가 t_2일 때보다 작다. 따라서 $b > a$이다.

(ㄱ. 거짓)

ㄴ. 시간에 따라서 $\frac{B}{A}$가 증가하므로, A와 B는 각각 $H_2O(l)$, $H_2O(g)$이다.

(ㄴ. 참)

ㄷ. t_2에서 $H_2O(l)$은 $\frac{1}{11}$ mol 존재한다.

(ㄷ. 거짓)

8. 정답 ②

2주기 바닥상태 원자에서 $n-1=1$인 오비탈에 전자가 채워지는 오비탈은 각각 $1s$, $2p$오비탈이다. X에서 $n-1=1$인 오비탈에 들어 있는 전자 수가 2임을 통해서 X는 Li임을 알 수 있다. 또한 Z의 홀전자 수가 3임을 이용하면 Z는 N임을 알 수 있다. 전기 음성도 조건을 이용하면 Y는 O임을 알 수 있다.

ㄱ. $a=6$이다.

(ㄱ. 거짓)

ㄴ. X는 1족 원소이다.

(ㄴ. 거짓)

ㄷ. 전자가 들어 있는 오비탈 수는 Y와 Z가 5개로 같다.

(ㄷ. 참)

9. 정답 ⑤

세 물질 모두 1:1로 결합하므로 X~Z는 각각 1족, 1족, 17족 원소임을 알 수 있다.
또한 녹는점을 비교했을 때, (가)~(다)는 각각 Ne과 같은 전자배치를 이루는 이온만으로, Ne, Ar과 같은 전자배치를 갖는 이온들로, Ar과 같은 전자배치를 갖는 이온만으로 이루어진 물질임을 알 수 있다.
따라서 W~Z는 각각 F, Na, K, Cl임을 알 수 있다.

ㄱ. 물질을 이루고 있는 양이온과 음이온 간 정전기적 인력은 (가)에서가 (나)에서보다 크다.

　　　　　　　　　　　　　　　　　　　　　　(ㄱ. 참)

ㄴ. 같은 주기 원소에서 족이 커질수록 원자 반지름은 감소한다. 따라서 원자 반지름은 X > Z이다.

　　　　　　　　　　　　　　　　　　　　　　(ㄴ. 참)

ㄷ. W는 2주기 원소이다.

　　　　　　　　　　　　　　　　　　　　　　(ㄷ. 참)

---

10. 정답 ②

A의 분자량을 M_A, B의 분자량을 M_B라 하자. (가)에 존재하는 A의 몰수는 $\dfrac{Vd_1}{M_A}$mol이고, (나)에 존재하는 B의 몰수는 $\dfrac{2Vd_2}{M_B}$이다. 각각의 용질의 몰수를 부피로 나눈 것이 몰농도 비이므로, 다음과 같은 비례식을 세울 수 있다.

$$\frac{Vd_1}{100M_A} : \frac{2Vd_2}{50M_B} = x : y$$

$$\therefore \frac{M_A}{M_B} = \frac{yd_1}{4xd_2}$$

---

11. 정답 ⑤

AB_2의 분자식을 갖는 기체는 CO_2, N_2O, OF_2가 존재한다. 각각의 비공유 전자쌍 개수를 구하면 4, 4, 8이다. 따라서 비공유 전자쌍 수가 2배 차이 나는 분자 (나)는 OF_2이고, 부분적인 음전하를 띠는 원자 수가 2임을 통해 분자 (가)는 CO_2임을 알 수 있다. 따라서 X~Z는 각각 C, O, F임을 알 수 있다.
(다)의 비공유 전자쌍 수는 12개여야 하는데, 이를 만족하는 n은 $n=4$이다.

ㄱ. 전기 음성도는 Z > Y이다.
(거짓)

ㄴ. $n=4$이다.
(참)

ㄷ. $a=2$, $b=4$이므로 $a+b=6$이다.
(참)

---

12. 정답 ④

(가)에서 (나)로 될 때 Y^+가 $a$mol 생성되었고, (나)에서 (다)로 될 때 Y^+가 $2a$mol 생성되었으므로 (나)는 반응의 진행 정도가 $\dfrac{1}{3}$배되는 지점이다. 따라서 (나)에서 남아있는 X^{m+}의 몰수는 $2N$mol이다. 따라서 $a=2N$이다.
X^{m+} Nmol이 반응하여 Y^+ $2N$mol이 생성되므로 $m=2$임을 알 수 있다.

ㄱ. (나)에서 (다)가 될 때 $Y(s)$는 산화되므로, 환원제로 작용한다.
(참)

ㄴ. $m=2$이다.
(참)

ㄷ. $a=2N$이다.
(거짓)

---

13. 정답 ④

적정에 사용된 NaOH의 몰수는 다음과 같다.
$0.2 \times 25 = 5\,mmol$
따라서 (다)의 삼각 플라스크에 존재하는 CH_3COOH의 양 또한 $5\,mmol$이다.
$1g$ $X(s)$에 들어 있는 CH_3COOH의 몰수는 $\dfrac{x}{60}$mol이고, 이를 $50mL$ 용액으로 만들어 $20mL$를 취했으므로 (다)의 삼각 플라스크에 존재하는 CH_3COOH의 양은 $\dfrac{x}{60} \times \dfrac{20}{50}$mol이다.
따라서 다음과 같은 수식을 세울 수 있다.

$$5 \times 10^{-3} = \frac{x}{60} \times \frac{2}{5} \qquad x = \frac{3}{4}$$

---

14. 정답 ⑤

$m_l = 0$인 오비탈은 s 오비탈과 p 오비탈의 일부이다. 만약 $2s$ 혹은 $3s$ 오비탈에 전자가 채워진다고 가정하면 $m_l = 0$인 오비탈에 들어 있는 전자 수는 증가하는 반면,
$\dfrac{p\ \text{오비탈에 들어 있는 전자 수}}{s\ \text{오비탈에 들어 있는 전자 수}}$ 는 분모가 증가하여 전체적으로 감소하게 된다.
조건에 의해 $m_l = 0$인 오비탈에 들어 있는 전자 수는 W > X이고
$\dfrac{p\ \text{오비탈에 들어 있는 전자 수}}{s\ \text{오비탈에 들어 있는 전자 수}}$ = X > W이므로 X는 $3s$ 오비탈이 모두 채워지지 않은 원자이고 W는 X보다 $3s$ 오비탈이 더 채워진 원자임을 알 수 있다.
또한 $\dfrac{p\ \text{오비탈에 들어 있는 전자 수}}{s\ \text{오비탈에 들어 있는 전자 수}}$가 같은 원자 쌍은 (O, Mg), (Ne, P)밖에 없다. 만약 W가 P라고 한다면 $\dfrac{p\ \text{오비탈에 들어 있는 전자 수}}{s\ \text{오비탈에 들어 있는 전자 수}}$의 값이 $\dfrac{3}{2}$이므로 이것보다 값이 큰 X가 존재하지 않는다. 따라서 W는 Mg이고, Z는 O이다.
또한 조건에 의해 X는 Na임을 알 수 있다. 마지막으로 제1 이온화 에너지 조건을 통해 Y는 N임을 알 수 있다.

ㄱ. 제2 이온화 에너지는 X > W이다.
(참)

ㄴ. s오비탈에 들어 있는 전자 수는 Y와 Z가 같다.
(참)

ㄷ. $n+l = 3$인 오비탈에 들어 있는 전자 수는 W > Y이다.
(참)

---

15. 정답 ①

㉠에서 Cl의 산화수는 $+(2x-1)$이고, ㉡에서 M의 산화수는 $+x$이므로 산화수 차이에 대한 수식을 세우면 다음과 같다.
$|2x-1-x| = 2$ $\therefore x = -1$ or 3
$x > 0$이므로, $x = 3$이다.
ClO_x^- $1mol$이 Cl_2 $\dfrac{1}{2}$mol이 될 때 이동한 전자의 몰수는 $5\,mol$이고, M $1mol$이 M^{x+} $1mol$이 될 때 이동한 전자의 몰수는 $3\,mol$이다. 따라서 ClO_x^-와 M의 반응비는 $3:5$이고, 이를 통해 $a:b:d = 6:10:3$임을 알 수 있다. 반응 전 후 산소 원자 수를 통해 H_2O의 계수를 구하면 $a:b:d:e = 6:10:3:18$임을 알 수 있다.
따라서 H_2O $1mol$이 생성될 때 반응한 M의 양은 $\dfrac{5}{9}$mol이다.

$$\therefore x \times y = 3 \times \frac{5}{9} = \frac{5}{3}$$

16. 정답 ①

$25℃$에서 $K_w = [H_3O^+][OH^-]$는 일정하다. 따라서 각각의 수용액에서 H_3O^+의 몰 농도와 OH^-의 몰 농도를 구하면 다음과 같다. (가)와 (나)에서 $[H_3O^+]$와 $[OH^-]$

수용액	$[H_3O^+]$	$[OH^-]$
(가)	$\dfrac{10^5}{V_1}a$	$\dfrac{n}{V_1}$
(나)	$\dfrac{10^{-3}}{V_2}a$	$\dfrac{n}{V_2}$

(가)에서 K_w는 $\dfrac{10^5 an}{V_1^2}$이고, (나)에서 K_w는 $\dfrac{10^{-3}an}{V_2^2}$이다. 이 둘이 같아야 하므로 다음과 같은 수식을 세울 수 있다.

$$\dfrac{10^5 an}{V_1^2} = \dfrac{10^{-3}an}{V_2^2} \quad \therefore V_1 = 10^4 V_2$$

(가)와 (나)에서 $[H_3O^+]$의 몰농도를 구하면 각각 $\dfrac{10}{V_2}a\text{M}$, $\dfrac{10^{-3}}{V_2}a\text{M}$이다. $[H_3O^+]$의 몰 농도는 (가)가 (나)의 10^4배이므로 pH 차이는 4가 나야 한다. 따라서 이를 통해 수식을 세우면 다음과 같다.

$$3x - x = 4 \quad \therefore x = 2$$

따라서 (가)에서의 $[H_3O^+]$와 $[OH^-]$의 몰 농도는 10^{-2}M, 10^{-10}M임을 알 수 있다. 이를 통해 수식을 세우면 다음과 같다.

$$\dfrac{10^5}{V_1}a = 10^{-2}, \quad \dfrac{n}{V_1} = 10^{-10}$$

$$\therefore a = 10^{-7}V_1, \quad n = 10^{-10}V_1$$

$$\therefore a = 10^3 n$$

ㄱ. $x = 2$이다.
(참)
ㄴ. $V_1 = 10^4 V_2$이다.
(거짓)
ㄷ. $a = 10^3 n$이다.
(거짓)

17. 정답 ③

(가)에서 ^bY의 몰 수를 $N\text{mol}$이라 하자. 조건에 의해 (나)에서 Y_2의 몰 수는 $2N\text{mol}$이다. 또한 부피 비와 원자수 조건을 통해 (가)에서의 몰수비는 $XY_2 : Y_2 = 1 : 1$이고, (나)에서의 몰수비는 $X_2 : Y_2 = 1 : 2$임을 알 수 있다. 따라서 이를 통해 각 실린더의 질량을 n에 대해 표현하면 다음과 같다.
(가)에서의 질량: $10n + 14$
(나)에서의 질량: $12n + 14$
질량비를 통해 n을 구하면 다음과 같다.
$$10n + 14 : 12n + 10 = 6 : 7 \quad \therefore n = 7$$
따라서 (가)에 들어 있는 전체 양성자수와 (나)에 들어 있는 전체 중성자수는 각각 $39N$, $52N\text{mol}$이다.

$$\dfrac{\text{(나)에 들어 있는 전체 중성자수}}{\text{(가)에 들어 있는 전체 양성자수}} = \dfrac{4}{3}$$

18. 정답 ④

실린더 (가)와 (나)에서 기체의 총 질량은 (가) : (나) $= 4 : 5$이고,

밀도 비는 (가) : (나) $= 6 : 5$이므로 부피 비는 (가) : (나) $= 2 : 3$임을 알 수 있다. 실린더 (가)에서 X_nY_n $4wg$의 양을 $4N\text{mol}$이라 하자. 그러면 (나)에서 존재하는 X_nY_n의 양은 $3N\text{mol}$임을 알 수 있다. 따라서 부피 비 조건을 통해 X_2Z_2 $2wg$의 양은 $3N\text{mol}$임을 알 수 있다. 즉, 분자량 비는 $X_nY_n : X_2Z_2 = 3 : 2$임을 알 수 있다. (가)와 (나)에서 존재하는 총 X 원자 수는 각각 $4n\text{mol}$, $(3n+6)\text{mol}$이다. 이를 통해 단위 부피당 X 원자 수 비를 세우면 다음과 같다.

$$\dfrac{4n}{2} : \dfrac{3n+6}{3} = 3 : 2 \quad \therefore n = 6$$

(가)와 (나)에서 총 Y 원자 수 및 Z 원자 수를 구하면 다음과 같다.

(가)와 (나)에서 Y와 Z 원자 수
(단위: mol)

실린더	Y 원자 수	Z 원자 수
(가)	$24N$	0
(나)	$18N$	$6N$

조건에 의해 (나)에 들어 있는 $\dfrac{\text{Y의 질량(g)}}{\text{Z의 질량(g)}} = \dfrac{3}{14}$이므로 Y의 원자량을 M_Y, Z의 원자량을 M_Z라 할 때 식을 세우면 다음과 같다.

$$\dfrac{18N \times M_Y}{6N \times M_Z} = \dfrac{3}{14} \quad \therefore M_Z = 14M_Y$$

마지막으로 X의 원자량을 M_X라고 하고 X_nY_n, X_2Z_2의 분자량에 대한 비례식을 세우면 다음과 같다.
$$6M_X + 6M_Y : 2M_X + 28M_Y = 3 : 2 \quad \therefore M_X = 12M_Y$$
즉 원자량 비는 $X : Y : Z = 12 : 1 : 14$임을 알 수 있다.

$$\therefore n \times \dfrac{\text{Y의 원자량}}{\text{X의 원자량}} = 6 \times \dfrac{1}{12} = \dfrac{1}{2}$$

19. 정답 ②

(가)에서 중화 반응이 일어났으므로 $A(aq)$와 $B(aq)$의 액성은 서로 다르다. 또한 (가)에서 $\dfrac{\text{음이온 수}}{\text{양이온 수}} = \dfrac{1}{2}$이므로 (가)는 H_2X와 NaOH를 첨가한 산성 혹은 중성 용액임을 알 수 있다. 따라서 (가)에서 존재하는 음이온은 X^{2-}가 유일하다.
(나)의 액성이 산성이므로 (가)와 같이 존재하는 음이온은 X^{2-}가 유일함을 알 수 있다.
(가)와 (나)에서 음이온의 총 몰수비는 (가) : (나) $= 1 : 2$이므로 첨가한 부피비가 $1 : 2$인 $B(aq)$가 $H_2X(aq)$임을 알 수 있고, 따라서 $A(aq)$는 $NaOH(aq)$, $C(aq)$는 $Y(OH)_2(aq)$임을 알 수 있다.
(가)에서 생성된 H_2O의 양을 $5N\text{mol}$이라 하자. 그러면 $A(aq)$ 20mL에 들어 있는 NaOH의 양 또한 $5N\text{mol}$임을 알 수 있고, 조건에 의해 $C(aq)$ 10mL에 들어 있는 $Y(OH)_2$의 양은 $2N\text{mol}$임을 알 수 있다.
$B(aq)$ 10mL에 존재하는 H_2X의 양을 $x\text{mol}$이라 하고 (다)에서 존재하는 이온의 몰수 일부분을 표로 작성하면 다음과 같다.

(다)에서 이온의 몰수(단위: mol)

X^{2-}	OH^-	Na^+	Y^{2+}	H^+
$\dfrac{3}{2}x$		$\dfrac{15}{2}N$	$3N$	

(다)에 존재하는 모든 음이온의 총 합(상댓값)은 $\dfrac{5}{8} \times 60 = \dfrac{300}{8}$인데, (가)에서 $\dfrac{2}{3} \times 30 = 20$(상댓값)이 $x\text{mol}$(실젯값)이었으므로,

(다)에서 존재하는 모든 음이온의 합은 $\frac{15}{8}x$ mol임을 알 수 있다.

즉, (다)에서 존재하는 OH^-의 양은 $\frac{15}{8}x - \frac{3}{2}x = \frac{3}{8}x$ mol임을 알 수 있다.

위의 표를 이어서 채우면 다음과 같다.

(다)에서 이온의 몰수(단위:mol)

X^{2-}	OH^-	Na^+	Y^{2+}	H^+
$\frac{3}{2}x$	$\frac{3}{8}x$	$\frac{15}{2}N$	$3N$	0

양전하량과 음전하량의 합이 같으므로 이를 통해 x를 구하면 다음과 같다.

$$\frac{3}{2}x \times 2 + \frac{3}{8}x = \frac{15}{2}N + 3N \quad \therefore x = 4N$$

(가)~(다)에서 총 X^{2-}의 양은 $\frac{9}{2}x = 18N$ mol이고, Y^{2+}의 양은 $5N$ mol이다. 따라서 (가)~(다)를 모두 혼합한 용액에서의

$$\frac{X^{2-}\text{의 몰 농도(M)}}{Y^{2+}\text{의 몰 농도(M)}} = \frac{18}{5}\text{이다.}$$

---

20. 정답 ②

$A(s)$를 추가함에 따라 기체의 밀도가 변화하므로, Ⅰ~Ⅲ에서는 한계반응물이 $A(s)$임을 알 수 있다.

주어진 자료에서 기체의 밀도가 상댓값이므로, 분자와 분모에 각각 상수배를 처리하여도 주어진 자료에 변함이 없다. 따라서, 상댓값을 기준으로 증가한 질량 및 감소한 부피를 구하고, 이를 실젯값으로 상수배하여도 문제가 생기지 않는다.

Ⅰ에서 존재하는 질량 및 부피를 각각 1(상댓값), 1(상댓값)이라 하고 $A(s)$ wg를 추가하여 반응을 완결시켰을 때 증가한 질량을 a(상댓값), 증가한 부피를 b(상댓값)라 하자.

Ⅰ에서 Ⅱ로 갈 때 $A(s)$ wg를 반응시켰으므로, 기체의 밀도에 대한 식을 다음과 같이 세울 수 있다.

$$\frac{1+a}{1+b} = \frac{5}{3} \cdots ①$$

또한 Ⅰ에서 Ⅲ으로 갈 때 $A(s)$ $2wg$를 첨가하였으므로 밀도에 대한 식을 다음과 같이 세울 수 있다.

$$\frac{1+2a}{1+2b} = \frac{13}{5} \cdots ②$$

①과 ②를 연립하여 a와 b를 구하면 다음과 같다.

$$a = \frac{3}{7}, \quad b = -\frac{1}{7}$$

이를 통해 초기 $B(g)$가 들어 있는 실린더에서의 질량 및 부피는 각각 $\frac{4}{7}$(상댓값), $\frac{8}{7}$(상댓값)이다.

$A(s)$ wg를 첨가하였을 때 기체의 질량이 $\frac{3}{7}$(상댓값)만큼 증가하였으므로, 초기 $B(g)$의 질량은 $\frac{4}{7} \times \frac{7}{3}w = \frac{4}{3}wg$임을 알 수 있다.

또한 밀도가 4(상댓값)가 되게 하는 y를 구하면 다음과 같다.

$$\frac{\frac{4}{7} + \frac{3}{7}n}{\frac{8}{7} - \frac{1}{7}n} = 4 \quad \therefore n = 4 \quad \therefore y = 4w$$

B의 분자량을 M_B라 하고 초기 $B(g)$의 몰수를 구하면 $\frac{4}{3}\frac{w}{M_B}$ mol임을 알 수 있다. 이를 통해 $A(s)$ wg를 첨가했을 때 감소한 기체의 전체 몰수는 초기의 $\frac{1}{8}$배인 $\frac{1}{6}\frac{w}{M_B}$ mol임을 알 수 있다. 마지막으로 $A(s)$ wg의 몰수는 $\frac{1}{6}\frac{w}{M_B}$ mol이므로, 반응한 $A(s)$의 몰수만큼 전체 기체의 몰수가 감소함을 알 수 있다. 따라서 $c = 3 - 2 = 1$이다.

$$\therefore c \times \frac{x}{y} = 1 \times \frac{4/3w}{4w} = \frac{1}{3}$$

2024학년도 클러스터 시즌2 모의고사 3회 해설지
과학탐구 영역(화학 I)

정답

1	④	2	⑤	3	③	4	④	5	②
6	⑤	7	①	8	②	9	⑤	10	②
11	②	12	①	13	③	14	②	15	⑤
16	④	17	③	18	④	19	②	20	①

해설

1. 정답 ④

ㄱ. ⊙은 탄소 화합물이 아니다.

(ㄱ. 거짓)

ㄴ. 질소 비료의 원료'는 ⓒ으로 적절하다.

(ㄴ. 참)

ㄷ. '의약품 제조'는 ⓒ으로 적절하다.

(ㄷ. 참)

2. 정답 ⑤

(가)와 (나)에서 모든 원자가 옥텟 규칙을 만족하는 경우는 (가)와 (나)가 각각 C_2F_2, C_2F_4인 경우 또는 N_2F_2, N_2F_4인 경우이다.

이 중 (비공유 전자쌍−공유 전자쌍)이 a, $6a$를 만족하는 경우는 C_2F_2, C_2F_4인 경우이다.

ㄱ. X는 탄소(C)이다.

(ㄱ. 참)

ㄴ. (가)와 (나)에는 각각 3중 결합, 2중 결합이 존재한다.

(ㄴ. 참)

ㄷ. C_2F_2의 비공유 전자쌍 수는 6, 공유 전자쌍 수는 5이므로 $a=1$이다.

(ㄷ. 참)

3. 정답 ③

루이스 전자점식을 보면 A, B, C, D는 각각 Li, O, F, Mg이다.

ㄱ. BC_2는 공유 결합 물질이다.

(ㄱ. 참)

ㄴ. $DC_2(s)$는 전기 전도성이 없다.

(ㄴ. 거짓)

ㄷ. A와 C는 1:1로 결합하여 안정한 화합물을 형성한다.

(ㄷ. 참)

4. 정답 ④

CF_4, NH_3, OF_2 분자에서 부분적인 음전하(δ^-)를 띠는 원자에 대한 배점은 각각 4, 1, 2이다.

중심 원자에 대한 배점은 2, 0, 2이다.

평면 구조에 대한 배점은 각각 0, 0, 1이다.

따라서 CF_4, NH_3, OF_2의 총점은 6, 1, 5이다.

그러므로 (가)~(다)는 각각 NH_3, OF_2, CF_4이고, $a=6$이다.

5. 정답 ②

$H_2O(l)$의 증발 속도는 일정하고 시간이 지남에 따라

$\dfrac{⊙의\ 양(mol)}{H_2O(l)의\ 증발\ 속도}$ 값이 작아지므로 ⊙은 $H_2O(l)$ 이다.

ㄱ. ⊙은 $H_2O(l)$이다.

(ㄱ. 거짓)

ㄴ. t_3일 때 동적 평형 상태에 도달하였으므로 $a=b$이다.

(ㄴ. 참)

ㄷ. $H_2O(l)$의 양(mol)은 t_4일 때가 t_2일 때보다 작다.

(ㄷ. 거짓)

6. 정답 ⑤

W~Z의 $\dfrac{원자가\ 전자\ 수}{전자가\ 들어\ 있는\ 오비탈\ 수}$가 모두 같으므로 2주기 원자 중 같은 값을 가지는 경우는 Be, B, C, N이다.

이 때 원자가 전자가 느끼는 유효 핵전하가 X > W > Y이고, 제2 이온화 에너지가 W > Z > Y인 경우는 W가 B, Y가 Be인 경우이다.

따라서 X가 N, Z가 C이다.

ㄱ. W~Z의 $\dfrac{원자가\ 전자\ 수}{전자가\ 들어\ 있는\ 오비탈\ 수}$는 1이다.

(ㄱ. 참)

ㄴ. 홀전자 수는 Z가 2, Y가 0이므로 Z > Y이다.

(ㄴ. 참)

ㄷ. p 오비탈에 들어 있는 전자 수의 비는 W : X = 1 : 3이다.

(ㄷ. 참)

7. 정답 ①

과정 (가)에서 반응 후 수용액에 존재하는 양이온은 Z^{m+}이므로 $3 \times 2 = 3 \times m$, $m=2$이다.

과정 (나)에서 반응 후 수용액에 존재하는 양이온은 Y^+, Z^{m+}인데, 반응 후 수용액에 존재하는 Y^+의 양은 mN mol이다.

반응 후 수용액에 존재하는 Z^{m+}의 양은 $2N$ mol이다.

따라서 (나)에서 반응 전 수용액에 존재하는 양이온의 양(mol)은 $6N$ mol이다.

그러므로 $\dfrac{x}{m}=3$이다.

8. 정답 ②

⊙과 ⓒ이 각각 $H_2O(l)$, x M A(aq)인 경우 수용액 I 400 mL에 들어 있는 A의 양(mmol)은 $600a$이고

수용액 II 500 mL에 들어 있는 A의 양(mmol)은 $400a+300x$이다.

⊙과 ⓒ이 각각 x M A(aq), $H_2O(l)$인 경우 수용액 I 400 mL에 들어 있는 A의 양(mmol)은 $600a+100x$이고

수용액 II 500 mL에 들어 있는 A의 양(mmol)은 $400a$이다.

이 때 몰 농도(M)는 수용액 이므로 II가 I보다 크므로 ⊙과 ⓒ이 각각 x M A(aq), $H_2O(l)$인 경우는 될 수가 없다.

따라서 ⊙과 ⓒ이 각각 $H_2O(l)$, x M A(aq)이다.

수용액 III의 몰 농도에 관한 식은

$$\frac{300a+240a+180x}{500}=3.6a,\ x=7a\text{이다.}$$

9. 정답 ⑤

같은 주기 원소 중 YX_4를 만족하는 원소는 Y가 14족, X가 17족이다. X가 17족 원소이므로 W~Z 중 X의 전기 음성도가 가장 큰데 전기 음성도 차가 WX_y가 ZX_x보다 크므로 W가 15족 원소, Z가 16족 원소이다.

ㄱ. $z>0.9$이다.

(ㄱ. 참)

ㄴ. YX_4에서 극성 공유 결합이 있다..

(ㄴ. 참)

ㄷ. $\dfrac{x}{y}=\dfrac{2}{3}$이다.

(ㄷ. 참)

10. 정답 ④

2, 3주기 바닥상태 원자 W~Z 중

$\dfrac{\text{홀전자 수}+\text{원자가 전자 수}}{s\ \text{오비탈에 들어 있는 전자 수}}$의 값은

$\frac{2}{3}$	$\frac{2}{4}$	$\frac{4}{4}$	$\frac{6}{4}$	$\frac{8}{4}$	$\frac{8}{4}$	$\frac{8}{4}$	0
$\frac{1}{5}$	$\frac{2}{6}$	$\frac{4}{6}$	$\frac{6}{6}$	$\frac{8}{6}$	$\frac{8}{6}$	$\frac{8}{6}$	0

이며 이중 $\dfrac{1}{a}$, a, $2a$, $4a$ 모두 가질 수 있는 a값은 $\dfrac{1}{2}$이다.

따라서 X는 Be이다.
전자가 2개 들어 있는 오비탈 수의 비는 X : Y : Z = 1 : 3 : 2이므로 Y는 Si, Z는 F이다.
W의 홀전자 수는 X~Z의 홀전자 수의 합과 같으므로 W는 N이다.

ㄱ. X와 Y는 다른 주기 원소이다.

(ㄱ. 거짓)

ㄴ. 원자가 전자가 느끼는 유효 핵전하는 Z > X이다.

(ㄴ. 참)

ㄷ. Ne의 전자 배치를 갖는 이온의 반지름은 W > Z이다.

(ㄷ. 참)

11. 정답 ②

($1s$, $2s$, $2p$, $3s$, $3p$의 $n+l$ 값은 각각 1, 2, 3, 3, 4이다. 따라서 (가)는 $3p$이고, (다)와 (라)는 $2p$, $3s$ 중 하나이다.
$1s$, $2s$, $2p$, $3s$, $3p$의 $n-l$ 값은 각각 1, 2, 1, 3, 2이다.
따라서 (라)는 $3s$, (다)는 $2p$, (나)는 $1s$ 오비탈이다.
들어 있는 전자 수는 (라)가 2이므로 (가)에 들어 있는 전자 수도 2이다.

ㄱ. A의 원자 번호는 14이다.

(ㄱ. 거짓)

ㄴ. $a=2$이다.

(ㄴ. 참)

ㄷ. $\dfrac{n-l}{n}$는 (다)가 $\dfrac{1}{2}$, (가)가 $\dfrac{2}{3}$이므로 (가) > (다)이다.

(ㄷ. 거짓)

12. 정답 ①

반응 후 $Y_3(g)$, 1mol이 남았으므로 기체 반응식은 다음과 같다.

$$3XY+Y_3 \rightarrow xX_mY_n$$

이 때 $d_1:d_2=4:5$이므로 $x=3$, $m=1$, $n=2$이다.

$$\frac{x}{m+n}=1\text{이다.}$$

13. 정답 ③

N, O, Si, P 중 제2 이온화 에너지가 가장 큰 원자와 작은 원자는 각각 O, Si이다.
또한 원자 반지름이 가장 큰 원자와 작은 원자는 각각 Si, O이다.
제1 이온화 에너지는 W > X이므로 X는 P, W는 N이다.

i) ㉠이 원자 반지름일 때
Y는 O, Z는 Si이다. 이 때 ㉡은 X > W이므로 제2 이온화 에너지가 P > N이어야 하는데 모순이다.

ii) 제2 이온화 에너지일 때
따라서 ㉠은 제2 이온화 에너지, ㉡은 원자 반지름이고, Y는 Si, Z는 O이다.

ㄱ. ㉠은 제2 이온화 에너지이다.

(ㄱ. 참)

ㄴ. 18족 원소의 전자 배치를 갖는 이온의 반지름은 W > Z이다.

(ㄴ. 참)

ㄷ. 홀전자 수는 Y와 Z가 같고, 제1 이온화 에너지는 Z > Y이므로 $\dfrac{\text{홀전자 수}}{\text{제1 이온화 에너지}}$는 Y > Z이다.

(ㄷ. 거짓)

14. 정답 ①

반응물과 생성물의 H가 같음을 이용하면

$$2b=c\text{이다.}$$

반응물과 생성물의 O가 같음을 이용하면

$$4+b=c\text{이다.}$$
$$\text{따라서 } b=4\text{이다.}$$

반응에서 총 산화수 변화량의 합은 0이므로 산화수가 변한 X과 Y을 살펴보면

$$(8-m)+a(0-n)=0\text{이다.}$$

XO_4^{m-} $m$mol 반응할 때 생성된 Y^{n+}의 양은 $3b$mol이다.

$$1:a=m:3b,\ am=12\text{이다.}$$

Y이 $a$mol 반응할 때 이동한 전자의 양은 6mol이므로

$$8-m=an=6,\ m=2\text{이다.}$$

따라서 $a=6$, $n=1$이므로 $n+c=9$이다.

15. 정답 ⑤

ㄱ. $a>c$이므로 O의 평균 원자량은 17보다 작다.

(ㄱ. 참)

ㄴ. N_2O 중 분자량이 45인 N_2O는 $^{14}_{7}N^{14}_{7}N^{17}_{8}O$, $^{14}_{7}N^{15}_{7}N^{16}_{8}O$이고, 분자량이 47인 N_2O는 $^{15}_{7}N^{15}_{7}N^{17}_{8}O$, $^{14}_{7}N^{15}_{7}N^{18}_{8}O$이다.
이 때 $^{14}_{7}N^{14}_{7}N^{17}_{8}O$의 존재 비율(%)은 $^{15}_{7}N^{15}_{7}N^{17}_{8}O$보다 크고, $^{14}_{7}N^{15}_{7}N^{16}_{8}O$의 존재 비율(%)은 $^{14}_{7}N^{15}_{7}N^{18}_{8}O$보다 크므로

분자량이 45인 N_2O의 존재 비율(%)

$\dfrac{\text{분자량이 45인 } N_2O \text{의 존재 비율(\%)}}{\text{분자량이 47인 } N_2O \text{의 존재 비율(\%)}}$ 는 1보다 크다.

(ㄴ. 참)

ㄷ. 1mol의 N_2 중 분자량이 30인 N_2의 전체 중성자의 수는

$$\frac{0.4}{100} \times \frac{0.4}{100} \times 16 \text{이고,}$$

1mol의 NO 중 분자량이 33인 NO의 전체 중성자의 수는

$$\frac{0.4}{100} \times \frac{c}{100} \times 18 \text{이다.}$$

따라서 $\dfrac{1\text{mol의 } N_2 \text{ 중 분자량이 30인 } N_2 \text{의 전체 중성자의 수}}{1\text{mol의 NO 중 분자량이 33인 NO의 전체 중성자의 수}} = \dfrac{16}{45c}$ 이다.

(ㄷ. 참)

16. 정답 ④

이 때 (다)의 $\dfrac{OH^- \text{의 몰 농도(M)}}{H_3O^+ \text{의 몰 농도(M)}} = 1 \times 10^{-10}$ 이므로 $a = 4$이다.

따라서 (가)~(다)는 각각 $NaOH(aq)$, $H_2O(l)$, $HCl(aq)$이므로 $b = 7$이다.

따라서 $c = 1 \times 10^6$이다.

또한 (다)의 OH^-의 양(mol)이 1×10^{-2b}이므로

$$\frac{1 \times 10^{-2b}}{\dfrac{V}{1000}} = 1 \times 10^{-12}, \quad V = 10 \text{이다.}$$

따라서 $d = 1 \times 10^{-8}$이다.

ㄱ. (다)는 $HCl(aq)$이다.

(ㄱ. 거짓)

ㄴ. $a + b = 11$이다.

(ㄴ. 참)

ㄷ. $c \times d = 10^{-2}$이다.

(ㄷ. 참)

17. 정답 ③

식초 30mL에 물을 넣어 100mL 수용액을 만든 후 40mL를 취하였으므로 식초는 12mL 들어 있다.

이 때 중화 적정에 이용된 KOH의 양은 $0.4V_1$mmol이다.

식초 1g에 들어 있는 CH_3COOH의 질량은 xg이므로 중화 적정식은 다음과 같다.

$$\frac{12 \times d \times x}{60} = \frac{0.4 \times V_1}{1000}, \quad V_1 = 500dx$$

과정 (바)에서는 식초 50mL에 물을 넣어 100mL 수용액을 만든 후 40mL를 취하였으므로 식초는 20mL 들어 있다.

이 때 중화 적정에 이용된 KOH의 양은 $\dfrac{5}{3}V_2$mmol이다.

식초 1g에 들어 있는 CH_3COOH의 질량은 xg이므로 중화 적정식은 다음과 같다.

$$\frac{20 \times d \times x}{60} = \frac{\dfrac{5}{3} \times V_2}{1000}, \quad V_2 = 200dx$$

따라서 $V_1 + V_2 = 700dx$이다.

18. 정답 ④

X(가)에 들어 있는 X_aY_b와 X_bY_{2b}의 질량은 같으므로 각각 $30wg$이다.

이 때 $\dfrac{X \text{의 질량}}{Y \text{의 질량}} = \dfrac{7}{8}$이므로 X와 Y의 질량은 각각 $28wg$, $32wg$이다.

(가)의 X_aY_b에 있는 X의 질량은 $14wg$이고

$\dfrac{\text{실린더 (가)에 들어 있는 } X_aY_b \text{의 양(mol)}}{\text{실린더 (나)에 들어 있는 } X_aY_a \text{의 양(mol)}} = 1$이므로

X와 Y의 질량은 다음과 같다.

용기	(가)		(나)	
	X_aY_b	X_bY_{2b}	X_aY_a	X_bY_c
X의 질량(g)	$14w$	$14w$	$14w$	$14w$
Y의 질량(g)	$16w$	$16w$	$8w$	$12w$

따라서 $2a = b$, $2c = 3b$이다.

$\dfrac{X \text{의 원자량}}{Y \text{의 원자량}} = \dfrac{7}{4}$이므로 $\dfrac{X \text{의 원자량}}{Y \text{의 원자량}} \times \dfrac{a}{c} = \dfrac{7}{12}$이다.

19. 정답 ②

혼합 용액 (가)에서 $\dfrac{X^{2+} \text{의 수}}{\text{전체 이온 수}} = \dfrac{1}{2}$이므로 A는 H_2Y이다.

이를 바탕으로 중화반응 표를 완성하면 다음과 같다.

X^{2+}	$5b$	$10b$	$20b$
H^+	0		
OH^-	0		
Cl^-	0	$5a$	$20a$
Y^{2-}	$10c$	$10c$	$20c$
총 부피(mL)	15	25	60

따라서 $b = 2c$이다.

(나)와 (다)의 액성이 산성이라면 각각의 H^+의 양은

$$(5a - 10b)\text{mmol}, \quad (20a - 20b)\text{mmol이다.}$$

이 때 H^+의 양은 (나)와 (다)가 같으므로 $2b = 3a$인데, H^+의 양이 음수가 되므로 모순이다.

(나)와 (다)의 액성은 염기성이므로 각각의 OH^-의 양은

$$(10b - 5a)\text{mmol}, \quad (20b - 20a)\text{mmol이다.}$$

이 때 OH^-의 양은 (나)와 (다)가 같으므로 $2b = 3a$이다.

이를 바탕으로 중화반응 표를 완성하면 다음과 같다.

X^{2+}	$5b$	$10b$	$20b$
H^+	0	0	0
OH^-	0	$\dfrac{20}{3}b$	$\dfrac{20}{3}b$
Cl^-	0	$\dfrac{10}{3}b$	$\dfrac{40}{3}b$
Y^{2-}	$5b$	$5b$	$10b$
총 부피(mL)	15	25	60

(가) 5mL와 (다) 10mL를 혼합한 용액의 $\dfrac{X^{2+} \text{의 몰 농도(M)}}{Cl^- \text{의 몰 농도(M)}} = \dfrac{9}{4}$이다.

20. 정답 ①

$\dfrac{\text{반응 전 } A(g) \text{의 질량(g)}}{\text{반응 전 } B(g) \text{의 질량(g)}}$ 과 반응 후 전체 기체의 밀도(g/L) 자료는

$A(g)$와 $B(g)$의 비가 같으면 같기 때문에 임의의 양으로 설정할 수 있다.

반응 후 전체 기체의 밀도(g/L)가 실험 I에서 II로 갈 때 증가하였고, II에서 III으로 갈 때 감소하였으므로 실험 I에서 한계 반응물은 B, 실험 III, IV에서 한계 반응물은 A이다.

I과 II에서 반응 후 전체 기체의 부피는 같으므로 II에서 한계 반응물은 B이다.

A(g)의 질량을 14g 넣었다고 가정하면

〈실험 Ⅰ〉

반응 전	14	1	0
반응	$-x$	-1	$+x+1$
반응 후	$14-x$	0	$x+1$

〈실험 Ⅱ〉

반응 전	14	1.5	0
반응	$-1.5x$	-1.5	$+1.5x+1.5$
반응 후	$14-1.5x$	0	$1.5x+1.5$

이 때 Ⅰ에서 반응 후 남은 반응물의 질량은 Ⅱ에서 반응 후 남은 반응물의 질량의 2배이므로

$$14-x=2(14-1.5x), \ x=7$$이다.

이를 바탕으로 wMn 표를 그리면 다음과 같다.

w	7	1	8
M	7	$\dfrac{1}{b}$	8
n	1	b	1

〈실험 Ⅲ〉

반응 전	14	3	0
반응	-14	-2	$+16$
반응 후	0	1	16

이 때 Ⅰ과 Ⅲ에서 반응 후 전체 기체의 부피는 1 : 2이므로

$$1+1 : b+2=1 : 2, \ b=2$$이다.

〈실험 Ⅳ〉

반응 전	14	4	0
반응	-14	-2	$+16$
반응 후	0	2	16

$n=6$이다.

과학탐구 영역(화학 I)

정답

1	②	2	④	3	③	4	⑤	5	④
6	②	7	⑤	8	⑤	9	①	10	③
11	③	12	②	13	①	14	⑤	15	①
16	④	17	⑤	18	①	19	③	20	②

해설

1. 정답 ②

전기 분해 실험으로 화합물의 결합에 전자가 관여하는지 확인할 수 있으므로 ㉠으로 적절한 것은 '전자'이다.
물이 분해되는 반응의 화학 반응식은
$$2H_2O \rightarrow 2H_2 + O_2$$
이고, 시험관 B에서 모은 기체의 양이 A의 2배이므로, A에서 모은 기체는 O_2이다.
∴ ㉠ = 전자, A = O_2

2. 정답 ④

ㄱ. 에탄올(C_2H_5OH)은 손 소독제를 만드는 데 사용된다.
(ㄱ. 참)

ㄴ. 아세트산(CH_3COOH)을 물에 녹이면 산성 수용액이 된다.
(ㄴ. 거짓)

ㄷ. 반응 Ⅱ에서 중화 반응이 일어났으므로 발열 반응이다.
(ㄷ. 참)

3. 정답 ③

X = C, Y = O, Z = F이다.
따라서 X_2Z_2는 C_2F_2이고, 공유 전자쌍 수는 5, 비공유 전자쌍 수는 6이다.
∴ $\dfrac{\text{비공유 전자쌍 수}}{\text{공유 전자쌍 수}} = \dfrac{6}{5}$

4. 정답 ⑤

ㄱ. 가설에 어긋나려면, 이온 사이의 거리가 가까운 원자의 녹는점이 더 낮아야 한다. 이온 사이의 거리는 CaO > NaF이므로, 녹는점은 CaO > NaF이다. 에너지가 최소인 점이 더 낮을수록 녹는점이 높아지므로, P_{CaO}는 P_{NaF}보다 낮은 곳에 위치한다. 따라서 P_{CaO}는 영역 Ⅳ에 속한다.
(ㄱ. 참)

ㄴ. 이온 사이의 거리는 KCl > NaF이다.
(ㄴ. 참)

ㄷ. 이온 사이의 거리는 NaF > MgO이고, 양이온과 음이온의 전하는 MgO > NaF이므로, 녹는점은 MgO > NaF이다. 따라서 P_{MgO}는 Ⅲ에 속한다.
(ㄷ. 참)

5. 정답 ④

P 또는 O 원자 수를 맞추면, $a = 1$이다.
H 원자 수를 맞추면, $8 = 3a + b$이고, $b = 5$이다.

Cl 원자 수를 맞추면, $x = 5$이다.
∴ $x = 5$

6. 정답 ②

ㄱ. (가)에서 설탕의 용해와 석출이 모두 일어난다.
(ㄱ. 거짓)

ㄴ. (나)는 용해 평형에 도달하였으므로 설탕의 용해 속도와 석출 속도는 같다.
(ㄴ. 참)

ㄷ. (나)는 이미 용해 평형에 도달한 포화 용액이므로, 설탕을 추가하여도 용해된 설탕의 양은 변하지 않는다. 따라서 설탕 수용액의 몰 농도(M)는 증가하지 않는다.
(ㄷ. 거짓)

7. 정답 ⑤

ㄱ. (가)에서 C의 산화수는 $-4 \rightarrow +4$로 증가한다.
(ㄱ. 참)

ㄴ. (나)에서 C_2H_6O는 산화되므로 환원제이다.
(ㄴ. 거짓)

ㄷ. (나)에서 Cr 원자 수를 맞추면, $c = 2$이다.
C 원자 수를 맞추면, $a = d$이다.
Cr의 산화수는 $+6 \rightarrow +3$으로 3 감소하고, C의 산화수는 $-2 \rightarrow -1$로 1 증가하므로, 이동한 전자의 양을 맞추면, $a = 3$이다.
O 원자 수를 맞추면, $7 + a = d + e$이고, $e = 7$이다.
H 원자 수를 맞추면, $6a + b = 4d + 2e$이고, $b = 8$이다.
∴ $\dfrac{b + c}{d + e} = 1$
(ㄷ. 참)

8. 정답 ⑤

2, 3주기 14~16족 원자가 전자가 들어 있는 오비탈 수와 전자가 2개 들어 있는 오비탈 수를 정리하면 다음과 같다.

원자	C	N	O	Si	P	S
원자가 전자가 들어 있는 오비탈 수	3	4	4	3	4	4
전자가 2개 들어 있는 오비탈 수	2	2	3	6	6	7

⇒ X는 전자가 2개 들어 있는 오비탈 수가 원자가 전자가 들어 있는 오비탈 수의 2배이므로 X = Si이고, $a = 3$이다.

Y와 Z의 전자가 2개 들어 있는 오비탈 수 차는 3이므로 전자가 2개 들어 있는 오비탈 수는 각각 3, 6이고 Y = O, Z = P이다.
∴ X = Si, Y = O, Z = P이다.

ㄱ. $a = 3$, $b = 3$이다.
(ㄱ. 거짓)

ㄴ. X(Si)와 Z(P)는 모두 3주기 원소이다.
(ㄴ. 참)

ㄷ. 전자가 들어 있는 p 오비탈 수는 Y(O), Z(P)가 각각 3, 6이다.
(ㄷ. 참)

9. 정답 ①

$X = C$, $Y = N$, $Z = F$이다.

ㄱ. 전기 음성도는 $Z(F) > X(C)$이므로, (가)에서 X는 부분적인 양전하(δ^+)를 띤다.

(ㄱ. 참)

ㄴ. (나)는 NF_3이고, 극성 분자이다.

(ㄴ. 거짓)

ㄷ. 결합각은 α는 약 $120°$, β는 약 $107°$이다.

(ㄷ. 거짓)

---

10. 정답 ③

B의 $n + l = 2$이므로, $B = 2s$이고, $a = 2$이다. A는 $3s$가 될 수 없으므로 $2p$ 오비탈이고, $n + m_l = 1$이므로, $m_l = -1$이다. C는 $4s$가 될 수 없으므로 $3p$ 오비탈이고, $n + m_l = 3$이므로 $m_l = 0$이다. D의 오비탈 모양은 아령형이므로, $2p$ 오비탈이고, m_l는 $+1$이다.

$\therefore A = 2p_{-1}$, $B = 2s$, $C = 3p_0$, $D = 2p_{+1}$

ㄱ. $n - l$는 A가 1, B가 2이다.

(ㄱ. 참)

ㄴ. $A \sim D$의 m_l 합은 0이다.

(ㄴ. 참)

ㄷ. 에너지 준위는 $C > D = B$이다.

(ㄷ. 거짓)

---

11. 정답 ③

염기성 수용액에서는 $|pH - pOH|$가 클수록 pOH가 작고, 산성 수용액에서는 $|pH - pOH|$가 클수록 pH가 작다.

$\therefore$ 산성 : $|pH - pOH| \uparrow \cong pH \downarrow$

염기성 : $|pH - pOH| \uparrow \cong pOH \downarrow$

(나)와 (다)의 액성은 같고, $\dfrac{[OH^-]}{[H_3O^+]}$는 (나) > (다)이므로 pH는 (다)가 (나)보다 작다. $|pH - pOH|$가 더 큰 수용액의 pH가 작으므로, (나)와 (다)의 액성은 산성이다. → ⊙은 염기성, ⓒ은 산성이다.

(가), (나), (다)의 $pH - pOH$를 각각 x, $-2x$, $-3x$로 놓으면 $\dfrac{[OH^-]}{[H_3O^+]}$는 (나)가 (다)의 10^4배이므로, pH는 2만큼 차이나고, $pH - pOH$는 4만큼 차이난다. 따라서 $x = 4$이다. 이를 통해 (가)~(다)의 pH와 pOH를 정리하면 다음과 같다.

수용액	(가)	(나)	(다)
pH	9	3	1
pOH	5	11	13

ㄱ. ⊙은 염기성이다.

(ㄱ. 참)

ㄴ. $\dfrac{[OH^-]}{[H_3O^+]}$는 (가)가 (나)의 10^{12}배이므로, $x = 10^{16}$이다.

(ㄴ. 거짓)

ㄷ. $\dfrac{(가)의\ pOH + (다)의\ pOH}{(나)의\ pH} = \dfrac{5 + 13}{3} = 6$이다.

(ㄷ. 참)

---

12. 정답 ②

C의 화학식량을 M_C로 두고 (다)에 들어 있는 용질의 질량(g)을 구하면 다음과 같다.

$$3x \times \frac{80}{1000} \times M_C = 1$$

$$\Rightarrow M_C = \frac{25}{6} \times \frac{1}{x} \cdots\cdots ⊙$$

(가)와 (나)의 용질의 질량(mg)을 각각 구하면 다음과 같다.

$$(가) : 0.8 \times \frac{150}{d_A} \times 5a, \quad (나) : x \times \frac{120}{d_B} \times 2a$$

$\Rightarrow$ 두 용질의 질량이 같으므로, $0.8 \times \dfrac{150}{d_A} \times 5a = x \times \dfrac{120}{d_B} \times 2a$이고,

$x = \dfrac{5d_B}{2d_A}$이다. $\cdots\cdots ⓒ$

⊙과 ⓒ을 연립하면 $M_C = \dfrac{5d_A}{3d_B}$이다.

---

13. 정답 ①

2, 3주기에서 전자가 들어 있는 p 오비탈 수는 0~6의 값을 가진다. 이를 통해 가능한 분모와 분자의 값을 역추적하면 다음과 같다.

W는 $\dfrac{1}{6}$(Cl)로 Cl이다.

X는 $\dfrac{1}{4}$(Al)로 Al이다.

Y와 Z는 $\dfrac{1}{3}$(F, Na), $\dfrac{2}{6}$(S)로 각각 F, Na, S 중 하나이다.

전기 음성도는 $Y > W$이므로, Y는 F이다. 원자가 전자 수는 $X > Z$이므로, Z는 Na이다.

$\therefore W = Cl$, $X = Al$, $Y = F$, $Z = Na$

ㄱ. 3주기 원소는 3가지이다.

(ㄱ. 참)

ㄴ. 제2 이온화 에너지는 Z(Na)가 가장 크다.

(ㄴ. 거짓)

ㄷ. 원자가 전자가 느끼는 유효 핵전하는 $W(Cl) > X(Al)$이다.

(ㄷ. 거짓)

---

14. 정답 ⑤

^{40}Ar의 양을 a mol, $^{12}C^{16}O^{18}O$의 양을 b mol로 두었을 때, 전체 기체의 양은 4 mol이므로, $a + b = 4$ $\cdots\cdots ⊙$
용기에 들어 있는 중성자의 양이 양성자의 양보다 9 mol 많으므로, $18a + 22b + 9 = 22a + 24b$ $\cdots\cdots ⓒ$
⊙과 ⓒ을 연립하면, $a = 0.5$, $b = 3.5$이다.

따라서 전체 양성자의 양은 $x = 18a + 22b = 86$이다.

$\therefore x = 86$

[별해]
^{40}Ar은 1 mol당 중성자의 양이 양성자보다 4 mol 많고, $^{12}C^{16}O^{18}O$는 1 mol당 중성자의 양이 양성자보다 2 mol 많다. 만약 전체 기체 4 mol이 모두 $^{12}C^{16}O^{18}O$였다면, 용기 속 중성자의 양이 양성자보다 8 mol 많아진다. $^{12}C^{16}O^{18}O$ 1 mol을 ^{40}Ar으로 바꿔주면 중성자와 양성자의 양 차이는 2 mol 증가한다. 따라서 $^{12}C^{16}O^{18}O$ 4 mol인 상태에서 $^{12}C^{16}O^{18}O$ 0.5 mol을 ^{40}Ar으로 바꿔주면 용기 속 양성자와

중성자의 차이가 9 mol이 된다. → ^{40}Ar은 0.5 mol이다.

---

15. 정답 ①

적정에 사용된 (가)의 수용액 10 mL에 포함된 식초 A는 0.5 mL이다.

이는 $\frac{1}{2}d\,g$이고, 식초 A $\frac{1}{2}d\,g$에 들어 있는 CH_3COOH의 질량은

$\frac{1}{2}wd\,g$, CH_3COOH의 양은 $\frac{wd}{2M}$ mol이다.

적정에 사용된 CH_3COOH의 양과 NaOH의 양(mol)은 같으므로,

$\frac{wd}{2M}=0.5\times\frac{80}{1000}$이다. → $w=\frac{2M}{25d}$

---

16. 정답 ④

반응 후 비커 I, II에서 모두 A^{a+}이 남아 있다. 따라서 넣어 준 금속 B와 C는 모두 반응하였고, 반응 후 각각 B^{b+}, C^{c+} $2N$ mol이 생성되었다. 이를 통해 비커 속 양이온의 양을 정리하면 다음과 같다.

비커	양이온의 양(mol)		
	A^{a+}	B^{b+}	C^{c+}
I	$5N$	$2N$	0
II	$4N$	0	$2N$

⇒ 반응 후 전체 양이온의 양은 I : II = 7 : 6이고, $\frac{\text{전체 양이온의 양}}{\text{전체 금속의 양}}$은 7 : 4이므로, 전체 고체 금속의 양은 2 : 3이다.

I과 II에 들어 있는 고체 금속은 A 뿐이다. 반응 전 A^{a+}의 양은 x mol로 같으므로, 반응 후 A와 A^{a+}의 양의 합도 x mol로 같아야 한다. 따라서 금속 A의 양은 각각 $2N$ mol, $3N$ mol이고, $x=7N$이다.

A^{a+} $2N$ mol이 반응해 B^{b+} $2N$ mol이 생성되었으므로, $a:b=1:1$이고, A^{a+} $3N$ mol이 반응해 C^{c+} $2N$ mol이 생성되었으므로, $a:c=2:3$이다.

반응 후 $\frac{\text{전체 양이온의 양}}{\text{전체 고체 금속의 양}}$은 각각 $\frac{7N}{2N}$, $\frac{6N}{3N}$이므로, $y=\frac{1}{2}$이다.

∴ $\frac{c}{a}\times\frac{x}{y}=21N$

[별해]
금속 반응에서 반응 전후로 {전체 양이온의 양 + 고체 금속의 양}은 변하지 않는다. 따라서 I과 II의 {전체 양이온의 양 + 고체 금속의 양}은 $x+2N$ mol로 같다. 반응 후 전체 양이온의 양은 각각 $7N$, $6N$이고, 전체 고체 금속의 양은 2 : 3이므로, 합이 같으려면 고체 금속은 각각 $2N$, $3N$ mol 있다.

---

17. 정답 ⑤

X와 Y는 모두 ⊙>ⓛ이므로, 같은 주기 원소이고, 원자 번호는 X > Y이다. X, Y가 2주기 원소라면 X = F, 3주기 원소라면 X = Mg이다. 제2 이온화 에너지는 Mg이 가장 작아야하므로, X는 Mg이 아니다. 따라서 X는 F, Y는 O이다.
제2 이온화 에너지는 Na이 가장 크고, Mg이 가장 작으므로 Z는 Mg이다.
∴ W = Na, X = F, Y = O, Z = Mg

ㄱ. 비금속 원소(X, Y)에서 ⊙>ⓛ이므로 ⊙은 이온 반지름이다.
(ㄱ. 참)

ㄴ. 원자 반지름은 W(Na) > Z(Mg)이다.
(ㄴ. 참)

ㄷ. 제1 이온화 에너지는 X(F) > Y(O)이다.
(ㄷ. 참)

---

18. 정답 ③

반응 몰비는 1 : 1 : 2이고, 분자량 비는 B : C = 2 : 17이므로, 반응 질량비는 32 : 2 : 34이다. 따라서 분자량 비는 A : B = 16 : 1이다.

반응물의 반응 계수 합과 생성물의 반응 계수 합이 같으므로, 반응 전후 전체 기체의 부피는 같다. 따라서 반응 전 전체 기체의 부피는 I : II = 2 : 1이다. 반응 전 A와 B의 밀도에 전체 부피비를 곱하면 질량비를 알 수 있다. I에서 반응 전 A의 질량을 $32k$라 하면 I과 II에서 반응 전 반응물의 질량은 I : $(32k, 14k)$ II : $(xk, 4k)$이다.

분자량 비는 A : B = 16 : 1이므로 I에서 반응 전 몰수는 1 : 7이다. 각각 n, $7n$이라 하면, I에서 C는 $2n$ 생성된다.

전체 기체의 부피는 I : II = 2 : 1이므로, II에서 반응 전 전체 기체의 양은 $4n$이다. B의 양은 $2n$이므로, A의 양은 $2n$이고, $x=64$이다. II에서 C는 $4n$ 생성되므로 생성된 C의 양은 II가 I의 2배이고, $y=\frac{1}{2}w$이다.

∴ $x\times y=32w$

---

19. 정답 ①

X의 질량은 (가) : (나) = 3 : 2이므로, X 원자 수도 3 : 2이다.
X_2Y_a $30w$ g의 양을 $3t$ mol로 두면 (나)에 X_2Y_a t mol이 들어 있다.
(가)에서 X 원자의 양은 $6t$ mol이므로, (나)에서 X 원자가 $4t$ mol이 되려면 XZ_b의 양은 $2t$ mol이다.

(나)에서 $\frac{\text{Z 원자 수}}{\text{X 원자 수}}=1$이므로, (나)에서 Z 원자의 양도 $4t$ mol이고, $b=2$이다.

단위 질량당 전체 원자 수는 (가) : (나) = 25 : 22이고, 전체 질량은 30 : 25이므로, 전체 원자 수 비는 15 : 11이다. 이를 정리하면 $3(a+2)t : (a+2)t+6t=15:11$이고, $a=3$이다.

용기	(가)	(나)
X_2Y_3	$3t$	t
XZ_2	0	$2t$

X t mol의 질량은 $\frac{7}{2}w$ g이다. (가)에서 {전체 질량 − X의 질량}이 Y의 질량이고, Y $9t$ mol의 질량이 $9w$ g이므로, Y t mol의 질량은 w g이다.
(나)에서 {전체 질량 − X의 질량 − Y의 질량}이 Z의 질량이므로 Z $4t$ mol은 $8w$ g, Z t mol은 $2w$ g이다.
→ 원자량 비는 X : Y : Z = 7 : 2 : 4이다.

∴ $\frac{a}{b}\times\frac{\text{Y의 원자량} + \text{Z의 원자량}}{\text{X의 원자량}}=\frac{3}{2}\times\frac{6}{7}=\frac{9}{7}$

20. 정답 ②

(가)에서 전체 양이온의 양은 $20a$ mmol이므로, 용액 속 Cl^-은 $20a$ mmol이다. (나)에서 전체 음이온의 양은 $80a$ mmol이므로, (나) 과정 후 수용액은 염기성이고, 용액 속 Na^+은 $80a$ mmol이다.

같은 용액 내에서 몰 농도의 비는 곧 이온 수의 비이므로, (다)에서 $\dfrac{\text{양이온 수}}{\text{음이온 수}} = \dfrac{4}{3}$이다. (나) 과정 후 $\dfrac{\text{양이온 수}}{\text{음이온 수}} = 1$이고, H_2A를 넣어 줄수록 $\dfrac{\text{양이온 수}}{\text{음이온 수}}$는 계속 증가한다. $Na^+ : Cl^- = 4 : 1$의 몰비로 들어 있으므로 (나)의 용액에 H_2A를 중화점까지 넣었을 때 모든 이온은 $Na^+ : Cl^- : A^{2-} = 8 : 2 : 3$으로 $\dfrac{\text{양이온 수}}{\text{음이온 수}} = \dfrac{8}{5}$이다. (다) 과정 후 $\dfrac{\text{양이온 수}}{\text{음이온 수}} = \dfrac{4}{3}$로 $\dfrac{8}{5}$보다 작은 값을 가지므로, 중화점에 도달하기 전이고, (다) 과정 후 혼합 용액은 염기성이다.

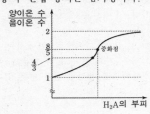

용액 속 A^{2-}의 양을 k mmol로 두고 (다) 과정 후 수용액 속 이온의 양을 정리하면 다음과 같다.

이온의 종류	Na^+	Cl^-	A^{2-}	OH^-
이온의 양(mmol)	$80a$	$20a$	k	$60a-2k$

$\Rightarrow \dfrac{\text{양이온 수}}{\text{음이온 수}} = \dfrac{80a}{80a - k} = \dfrac{4}{3}$이고, $k = 20a$이다.

(다) 과정 후 OH^-의 양은 10 mmol이므로, $a = \dfrac{1}{2}$이다.

0.75 M $H_2A(aq)$ V mL에 A^{2-} 10 mmol 들어 있으므로, $V = \dfrac{40}{3}$이다.

(다) 과정 후 전체 양이온의 양(mmol)은 $40 = 4b \times \left(80 + \dfrac{40}{3}\right)$이고, $b = \dfrac{3}{28}$이다.

$\therefore a + b = \dfrac{14}{28} + \dfrac{3}{28} = \dfrac{17}{28}$

제 4 교시

과학탐구 영역(화학 I)

성명 [　　　]　수험 번호 [　｜　｜　｜　｜　] — [　｜　｜　｜　]　제 [　] 선택

화학 I

---

1. 그림은 물질 (가)와 (나)의 구조식을 나타낸 것이다.

$$
\begin{array}{c}
\text{H} \quad \text{H} \\
| \qquad | \\
\text{H–C–C–O–H} \\
| \qquad | \\
\text{H} \quad \text{H}
\end{array}
\qquad
\begin{array}{c}
\text{H} \quad \text{O} \quad \text{H} \\
| \qquad \| \\
\text{H–C–C–O–H} \\
| \\
\text{H}
\end{array}
$$

(가)　　　　　　　(나)

이에 대한 설명으로 옳은 것만을 〈보기〉에서 있는 대로 고른 것은?

〈보 기〉
ㄱ. (가)의 연소 반응은 발열 반응이다.
ㄴ. (나)는 식초의 주성분이다.
ㄷ. (가)와 (나)는 모두 탄소 화합물이다.

① ㄱ　② ㄷ　③ ㄱ, ㄴ　④ ㄴ, ㄷ　⑤ ㄱ, ㄴ, ㄷ

2. 그림은 화합물 AB와 BC_2를 화학 결합 모형으로 나타낸 것이다.

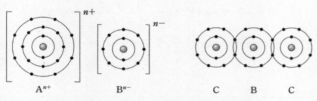

A^{n+}　　B^{n-}　　　C　B　C

이에 대한 설명으로 옳은 것만을 〈보기〉에서 있는 대로 고른 것은? (단, A～C는 임의의 원소 기호이다.)

〈보 기〉
ㄱ. AB(l)는 전기 전도성이 있다.
ㄴ. BC_2는 이온 결합 물질이다.
ㄷ. $n = 2$이다.

① ㄱ　② ㄷ　③ ㄱ, ㄴ　④ ㄱ, ㄷ　⑤ ㄴ, ㄷ

3. 표는 플루오린(F)이 포함된 3가지 분자 (가)～(다)에 대한 자료이다. X와 Y는 2주기 원자이고, (가)～(다)에서 B를 제외한 모든 원자는 옥텟 규칙을 만족한다.

분자	(가)	(나)	(다)
분자식	XF_4	BF_3	YF_2
공유 전자쌍 수 / 비공유 전자쌍 수 (상댓값)	4		x

이에 대한 설명으로 옳은 것만을 〈보기〉에서 있는 대로 고른 것은? (단, X와 Y는 임의의 원소 기호이다.)

〈보 기〉
ㄱ. (가)와 (나)는 모두 입체 구조이다.
ㄴ. $x = 3$이다.
ㄷ. XY_2에는 단일 결합이 존재한다.

① ㄱ　② ㄴ　③ ㄷ　④ ㄱ, ㄴ　⑤ ㄴ, ㄷ

4. 다음은 학생 A가 가설을 세우고 수행한 탐구 활동이다.

[학습 내용]
○ 극성 공유 결합을 형성한 두 원자는 각각 부분적인 양전하와 음전하를 띤다.

[가설]
○ 분자 내에 부분적인 음전하를 띠는 원자가 있다면 극성 분자이다.

[탐구 과정 및 결과]
(가) 1～3주기 원소로 구성된 분자 중 극성 공유 결합이 있는 분자를 찾는다.
(나) (가)에서 찾은 분자의 극성 여부를 확인한다.

가설에 일치하는 분자	OF_2, NH_3, ㉠ …
가설에 어긋나는 분자	CO_2, CCl_4, ㉡ …

[결론]
○ 가설에 어긋나는 분자가 있으므로 가설은 옳지 않다.

학생 A의 결론이 타당할 때, ㉠과 ㉡으로 적절한 것은? [3점]

	㉠	㉡
①	HF	CH_2O
②	HCl	OCl_2
③	CF_4	C_2H_6
④	FCN	CF_4
⑤	C_2H_2	HF

5. 표는 온도가 다른 두 밀폐된 진공 용기 (가)와 (나)에 각각 같은 양(mol)의 $H_2O(l)$을 넣은 후 시간에 따른 $\dfrac{㉠의 \ 양(mol)}{㉡의 \ 양(mol)}$ 을 나타낸 것이다. ㉠과 ㉡은 각각 $H_2O(l)$과 $H_2O(g)$ 중 하나이고, (나)에서는 t_3일 때 $H_2O(l)$과 $H_2O(g)$는 동적 평형 상태에 도달하였다. $0 < t_1 < t_2 < t_3$이다.

시간		t_1	t_2	t_3
㉠의 양(mol) / ㉡의 양(mol)	(가)	2	0.5	0.5
	(나)	3	1	a

이에 대한 설명으로 옳은 것만을 〈보기〉에서 있는 대로 고른 것은? (단, 두 용기의 온도는 각각 일정하다.) [3점]

〈보 기〉
ㄱ. (가)에서 증발 속도는 t_1일 때가 t_3일 때보다 크다.
ㄴ. (나)에서 $\dfrac{t_3일 \ 때 \ H_2O(g)의 \ 양(mol)}{t_1일 \ 때 \ H_2O(g)의 \ 양(mol)} > 2$이다.
ㄷ. t_2일 때 H_2O의 $\dfrac{응축 \ 속도}{증발 \ 속도}$는 (가)에서가 (나)에서보다 작다.

① ㄴ　② ㄷ　③ ㄱ, ㄴ　④ ㄱ, ㄷ　⑤ ㄴ, ㄷ

6. 표는 바닥상태 알루미늄(Al)의 전자가 들어 있는 오비탈 (가)~(라)에 대한 자료이다. n은 주 양자수이고, l은 방위(부) 양자수이며, m_l은 자기 양자수이다.

오비탈	(가)	(나)	(다)	(라)
$\dfrac{n+m_l}{n+l}$ (상댓값)	3	4	6	6
$n-l$	a	b	2	3

이에 대한 설명으로 옳은 것만을 〈보기〉에서 있는 대로 고른 것은? [3점]

〈보 기〉
ㄱ. $a+b=3$이다.
ㄴ. m_l는 (다)가 (라)보다 크다.
ㄷ. 에너지 준위는 (가) > (나) > (다)이다.

① ㄱ   ② ㄷ   ③ ㄱ, ㄴ   ④ ㄱ, ㄷ   ⑤ ㄴ, ㄷ

7. 다음은 서로 다른 바닥상태 원자 W~Z에 대한 자료이다. W~Z의 원자 번호는 각각 7~13 중 하나이다.

○ $\dfrac{\text{홀전자 수}}{\text{전자가 들어 있는 } p \text{ 오비탈 수}}$ 는 W와 X가 같다.

○ s 오비탈에 들어 있는 전자 수 비는 X : Y : Z = 2 : 3 : 3이다.

○ $\dfrac{\text{제2 이온화 에너지}}{\text{제1 이온화 에너지}}$ 는 Y가 Z보다 크다.

이에 대한 설명으로 옳은 것만을 〈보기〉에서 있는 대로 고른 것은? (단, W~Z는 임의의 원소 기호이다.)

〈보 기〉
ㄱ. W~Z 중 원자 반지름은 W가 가장 크다.
ㄴ. 원자가 전자가 느끼는 유효 핵전하는 Z > Y이다.
ㄷ. Ne의 전자 배치를 갖는 이온의 반지름은 W > X이다.

① ㄱ   ② ㄴ   ③ ㄷ   ④ ㄱ, ㄴ   ⑤ ㄱ, ㄷ

8. 표는 4가지 분자 NH_3, H_2O, C_2F_4, COF_2을 주어진 기준에 따라 분류한 것이다.

기준	예	아니오
다중 결합이 있는가?	(가)	(나)
무극성 공유 결합이 있는가?	(다)	(라)

이에 대한 설명으로 옳은 것만을 〈보기〉에서 있는 대로 고른 것은?

〈보 기〉
ㄱ. (나)와 (라)에 모두 해당되는 분자는 1가지이다.
ㄴ. C_2F_4은 (가)와 (다)에 모두 해당된다.
ㄷ. (가)와 (라)에 모두 해당되는 분자의 분자 모양은 평면 삼각형이다.

① ㄱ   ② ㄴ   ③ ㄷ   ④ ㄱ, ㄷ   ⑤ ㄴ, ㄷ

9. 다음은 금속 A~C의 산화 환원 반응 실험이다.

〔자료〕
○ ㉠과 ㉡은 각각 B(s)와 C(s) 중 하나이고, B(s)는 산화되어 B^+이, C(s)는 산화되어 C^{3+}이 된다.

〔실험 과정〕
(가) A^{2+}이 들어 있는 수용액을 준비한다.
(나) (가)의 수용액에 ㉠을 넣어 반응을 완결시킨다.
(다) (나)의 수용액에 ㉡을 넣어 반응을 완결시킨다.

〔실험 결과〕
○ (다)의 수용액에 들어 있는 양이온은 B^+과 C^{3+} 뿐이다.
○ 각 과정 후 수용액에 존재하는 전체 양이온의 양(mol)

과정	(가)	(나)	(다)
전체 양이온의 양(mol)	6N	12N	8N

이에 대한 설명으로 옳은 것만을 〈보기〉에서 있는 대로 고른 것은? (단, A~C는 임의의 원소 기호이고, A~C는 물과 반응하지 않으며, 음이온은 반응에 참여하지 않는다.) [3점]

〈보 기〉
ㄱ. ㉠은 C(s)이다.
ㄴ. (나)에서 A^{2+}은 산화제이다.
ㄷ. (다)의 수용액에서 $\dfrac{C^{3+}\text{의 양(mol)}}{B^+\text{의 양(mol)}}=3$이다.

① ㄴ   ② ㄷ   ③ ㄱ, ㄴ   ④ ㄱ, ㄷ   ⑤ ㄴ, ㄷ

10. 표는 자연계에 존재하는 원소 X와 산소(O)에 대한 자료이고, $a+b+c=100$이다.

원소	^{63}X	^{65}X	^{16}O	^{17}O	^{18}O
원자 번호	29		8		
원자량	63	65	16	17	18
자연계에 존재하는 비율(%)	70	30	a	b	c

이에 대한 설명으로 옳은 것만을 〈보기〉에서 있는 대로 고른 것은? (단, X는 임의의 원소 기호이다.)

〈보 기〉
ㄱ. X의 평균 원자량은 63.6이다.
ㄴ. $\dfrac{\text{화학식량이 82인 XO의 존재 비율(\%)}}{\text{화학식량이 79인 XO의 존재 비율(\%)}}=\dfrac{3b}{7a}$이다.
ㄷ. 1mol의 XO 중 화학식량이 83인 XO의 전체 중성자의 양은 $\dfrac{69c}{250}$mol이다.

① ㄱ   ② ㄷ   ③ ㄱ, ㄴ   ④ ㄴ, ㄷ   ⑤ ㄱ, ㄴ, ㄷ

11. 다음은 바닥상태 원자 W~Z에 대한 자료이다. W~Z는 각각 C, N, O, Al 중 하나이다.

○ 원자 반지름은 W > X > Y이다.
○ 제1 이온화 에너지는 X > Y > Z이다.
○ 전기 음성도는 Z > W이다.

이에 대한 설명으로 옳은 것만을 〈보기〉에서 있는 대로 고른 것은? (단, W~Z는 임의의 원소 기호이다.)

〈보 기〉
ㄱ. W와 X는 같은 주기 원소이다.
ㄴ. 홀전자 수는 X > Z이다.
ㄷ. p 오비탈에 들어 있는 전자 수 비는 Y : Z = 4 : 3이다.

① ㄱ　　② ㄴ　　③ ㄷ　　④ ㄱ, ㄷ　　⑤ ㄴ, ㄷ

12. 다음은 A(aq)을 이용한 실험이다.

[자료]
○ 25℃에서 0.1M A(aq)의 밀도 : d_1 g/mL
○ 25℃에서 0.2M A(aq)의 밀도 : d_2 g/mL

[실험 과정]
(가) 0.5 M A(aq) 50 mL와 0.2 M A(aq) x mL를 혼합하여 0.4 M A(aq)을 만든다.
(나) (가)에서 만든 A(aq) 20 mL와 물 y mL를 혼합하여 0.2 M A(aq)을 만든다.
(다) (나)에서 만든 A(aq) w g과 물을 혼합하여 0.1 M A(aq) 100 g을 만든다.

$\dfrac{d_1}{d_2} \times \dfrac{y}{x}$는? (단, 용액의 온도는 25℃로 일정하고, 혼합 용액의 부피는 혼합 전 각 용액의 부피의 합과 같다.) [3점]

① $\dfrac{20}{w}$　　② $\dfrac{30}{w}$　　③ $\dfrac{40}{w}$　　④ $\dfrac{50}{w}$　　⑤ $\dfrac{60}{w}$

13. 다음은 서로 다른 3주기 바닥상태 원자 X~Z에 대한 자료이다. n은 주 양자수, l은 방위(부) 양자수, m_l은 자기 양자수이다.

○ X~Z는 $n + m_l = 3$인 오비탈에 들어 있는 전자 수가 모두 5개다.
○ $n - l = a$인 오비탈에 들어 있는 전자 수 비는 X : Z = 2 : 3이다.
○ $m_l = +1$인 오비탈에 들어 있는 전자 수 비는 X : Y = 3 : 4이다.

이에 대한 설명으로 옳은 것만을 〈보기〉에서 있는 대로 고른 것은? (단, X~Z는 임의의 원소 기호이다.) [3점]

〈보 기〉
ㄱ. 원자가 전자 수는 Z > Y이다.
ㄴ. $l + m_l = 0$인 오비탈에 들어 있는 전자 수비는 X : Y = 4 : 5이다.
ㄷ. 전자가 2개 들어 있는 p 오비탈 수는 X와 Z가 같다.

① ㄱ　　② ㄴ　　③ ㄱ, ㄷ　　④ ㄴ, ㄷ　　⑤ ㄱ, ㄴ, ㄷ

14. 다음은 금속과 산의 반응에 대한 실험이다.

[자료]
○ 화학 반응식 : aX(s) + bHCl(aq) → cX$_m$Cl$_n$$(aq)$ + dH$_2$$(g)$
　　　　　　　　　　　　　　　($a \sim d$는 반응 계수)
○ X는 Na, Mg, Al 중 하나이다.
○ 수용액에서 X$_m$Cl$_n$은 완전히 이온화된다.

[실험 과정 및 결과]
○ HCl(aq) 1 mol이 들어 있는 용기에 X(s) $6w$ g을 넣고 반응을 완결시킨다.
○ 반응 후 남아 있는 X(s)의 질량 : $2w$ g
○ 반응 후 수용액에 들어 있는 전체 이온의 양 : 1.5 mol
○ X의 원자량 : x
○ t℃, 1기압에서 생성된 H$_2$$(g)$의 부피 : V L

$\dfrac{V}{x} \times \dfrac{m}{n}$은? (단, X는 임의의 원소 기호이고, t℃, 1기압에서 기체 1 mol의 부피는 24 L이다.) [3점]

① $\dfrac{1}{4w}$　　② $\dfrac{3}{8w}$　　③ $\dfrac{1}{2w}$　　④ $\dfrac{3}{4w}$　　⑤ $\dfrac{1}{w}$

15. 다음은 산화 환원 반응의 화학 반응식이다. I의 산화물에서 산소(O)의 산화수는 -2이다. H$_2$O$_2$의 O만 모두 산화되고, IO$_4^-$의 O는 산화수가 변하지 않으며, 산화제가 1 mol 반응할 때 O$_2$는 x mol 생성된다.

$$a\text{H}_2\text{O}_2 + b\text{IO}_4^- \rightarrow c\text{IO}_2^- + d\text{O}_2 + e\text{H}_2\text{O}$$
　　　　　　　　　　　　　　　($a \sim e$는 반응 계수)

$\dfrac{c+e}{b} \times x$는? [3점]

① $\dfrac{3}{4}$　　② $\dfrac{3}{2}$　　③ 2　　④ 3　　⑤ 6

16. 표는 25℃의 수용액 (가)~(다)에 대한 자료이다. $\dfrac{\text{(가)에서 H}_3\text{O}^+\text{의 양(mol)}}{\text{(나)에서 H}_3\text{O}^+\text{의 양(mol)}} = 10^{-4}$이다.

수용액	(가)	(나)	(다)
pH	x		$2x - 3$
pOH		$x + 1$	y
부피(mL)	20	200	10

이에 대한 설명으로 옳은 것만을 〈보기〉에서 있는 대로 고른 것은? (단, 25℃에서 물의 이온화 상수(K_w)는 1×10^{-14}이다.)

〈보 기〉
ㄱ. $x + y = 10$이다.
ㄴ. (가)~(다) 중 산성 용액은 1가지이다.
ㄷ. (나)에서 H$_3$O$^+$의 양(mol)은 (다)에서 OH$^-$의 양(mol)의 500배이다.

① ㄴ　　② ㄷ　　③ ㄱ, ㄴ　　④ ㄱ, ㄷ　　⑤ ㄴ, ㄷ

17. 다음은 $25\,°C$에서 식초 A와 B 각 $1\,g$에 들어 있는 아세트산 (CH_3COOH)의 질량을 알아보기 위한 중화 적정 실험이다.

〔자료〕
○ CH_3COOH의 분자량 : 60

〔실험 과정 및 결과〕
(가) 식초 A $20\,g$에 물을 넣어 $50\,mL$ 수용액을 만든다.
(나) (가)의 수용액 $10\,mL$에 페놀프탈레인 용액을 $2\sim3$ 방울 넣고 $a\,M$ $NaOH(aq)$으로 적정하였을 때, 수용액 전체가 붉게 변하는 순간까지 넣어 준 $NaOH(aq)$의 부피는 $40\,mL$이었다.
(다) (나)의 적정 결과로부터 구한 식초 A $1\,g$에 들어 있는 CH_3COOH의 질량은 $w_1\,g$이었다.
(라) 식초 A 대신 식초 B를 이용하여 과정 (가)~(다)를 반복했을 때, 적정에 사용된 $NaOH(aq)$의 부피는 $25\,mL$이었고, 식초 B $1\,g$에 들어 있는 CH_3COOH의 질량은 $w_2\,g$이었다.

$w_1 + w_2$는? (단, 온도는 $25\,°C$로 일정하고, 중화 적정 과정에서 식초 A와 B에 포함된 물질 중 CH_3COOH만 $NaOH$과 반응한다.)

① $\dfrac{9}{10}a$ ② $\dfrac{37}{40}a$ ③ $\dfrac{19}{20}a$ ④ $\dfrac{39}{40}a$ ⑤ a

18. 다음은 중화 반응에 대한 실험이다.

〔자료〕
○ 수용액에서 HA는 H^+과 A^-으로, H_2B는 H^+과 B^{2-}으로 모두 이온화된다.

〔실험 과정〕
(가) $a\,M$ $HA(aq)$, $b\,M$ $H_2B(aq)$, $c\,M$ $NaOH(aq)$을 준비한다.
(나) $HA(aq)$ $20\,mL$에 $NaOH(aq)$ $30\,mL$를 첨가하여 혼합 용액 I을 만든다.
(다) I에 $H_2B(aq)$ $30\,mL$를 첨가하여 혼합 용액 II를 만든다.
(라) II에 $NaOH(aq)$ $V\,mL$를 첨가하여 혼합 용액 III을 만든다.

〔실험 결과〕
○ 혼합 용액에서 모든 이온의 몰 농도(M)의 합

혼합 용액	I	II	III
모든 이온의 몰 농도(M)의 합	$\dfrac{9}{25}$	$\dfrac{5}{16}$	x

○ 각 과정에서 생성된 H_2O의 양(mol)의 비는 (나) : (다) : (라) $= 5 : 4 : 3$이다.

$\dfrac{a+b}{x} \times V$는? (단, 혼합 용액의 부피는 혼합 전 각 용액의 부피의 합과 같고 물의 자동 이온화는 무시한다.) [3점]

① 12   ② 15   ③ 18   ④ 21   ⑤ 24

19. 다음은 $A(s)$와 $B(g)$가 반응하여 $C(g)$가 생성되는 반응의 화학 반응식이다.

$$a\,A(s) + B(g) \rightarrow a\,C(g) \quad (a\text{는 반응 계수})$$

표는 실린더에 $A(s)$와 $B(g)$의 질량을 달리하여 넣고 반응을 완결시킨 실험 I~III에 대한 자료이다. 남은 반응물의 질량(g)은 II와 III에서 같다.

실험	반응 전 물질의 질량(g)		반응 후	
	$A(s)$	$B(g)$	전체 기체의 밀도(g/L)	전체 기체의 양(mol)(상댓값)
I	$3w$	$12w$	$10d$	3
II	$6w$	xw	$11d$	2
III	$9w$	$2xw$	$11d$	4

$\dfrac{A\text{의 화학식량}}{B\text{의 분자량}} \times x$는? (단, 온도와 압력은 일정하다.) [3점]

① $\dfrac{3}{4}$ ② $\dfrac{3}{2}$ ③ 3   ④ 6   ⑤ 12

20. 표는 용기 (가)와 (나)에 들어 있는 기체에 대한 자료이다. 단위 질량당 XY_m의 양(mol)의 비는 (가) : (나) $= 23 : 44$이고, X의 원자량은 Y의 원자량의 2배이다.

용기	기체	기체의 질량(g)	$\dfrac{Y \text{ 원자 수}}{X \text{ 원자 수}}$	1 g당 전체 원자 수 (상댓값)
(가)	XY_m, XZ_2	$22w$	1	115
(나)	XY_m, Y_2Z_2	$23w$	4	132

$\dfrac{\text{(가)에서 } XZ_2 \text{의 질량(g)}}{\text{(나)에서 } XY_m \text{의 질량(g)}}$은? (단, X~Z는 임의의 원소 기호이고, 모든 기체는 반응하지 않는다.)

① $\dfrac{3}{8}$ ② $\dfrac{1}{2}$ ③ $\dfrac{5}{8}$ ④ $\dfrac{3}{4}$ ⑤ $\dfrac{7}{8}$

*** 확인 사항**
○ 답안지의 해당란에 필요한 내용을 정확히 기입(표기)했는지 확인하시오.

제 4 교시

과학탐구 영역(화학 I)

성명 □□□□　수험 번호 □□□□□ — □□□□　제 〔 〕 선택

---

1. 다음은 열 출입과 관련된 현상을 나타낸 것이다.

○ ㉠아세트산(CH_3COOH)을 연소하여 물을 끓였다.
○ ㉡염화 칼슘($CaCl_2$)을 물에 용해시켰더니 용액의 온도가 높아졌다.
○ ㉢물이 증발했더니 주변이 시원해졌다.

이에 대한 설명으로 옳은 것만을 <보기>에서 있는 대로 고른 것은?

<보 기>
ㄱ. ㉠을 물에 녹인 수용액은 산성 수용액이다.
ㄴ. ㉡은 탄소 화합물이다.
ㄷ. ㉢은 흡열 반응이다.

① ㄴ　② ㄷ　③ ㄱ, ㄴ　④ ㄱ, ㄷ　⑤ ㄱ, ㄴ, ㄷ

---

2. 다음은 학생 A가 수행한 탐구 활동이다.

[가설]
○ 2주기에 속한 원자들은 원자 번호가 커질수록 양성자수에 의한 핵전하와 유효 핵전하의 차이가 　㉠　.

[탐구 과정]
(가) 2주기에 속한 원자의 원자가 전자가 느끼는 유효 핵전하를 조사한다.
(나) (가)에서 조사한 각 원자들의 양성자수에 의한 핵전하(Z)와 원자가 전자가 느끼는 유효 핵전하(Z^*)의 차이($Z-Z^*$)를 점으로 표시한 후, 표시한 점을 연결한다.

[탐구 결과]

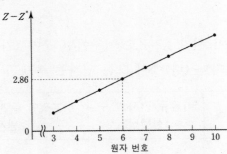

[결론]
○ 가설은 옳다.

학생 A의 결론이 타당할 때, 이에 대한 설명으로 옳은 것만을 <보기>에서 있는 대로 고른 것은? [3점]

<보 기>
ㄱ. '커진다'는 ㉠으로 적절하다.
ㄴ. O의 원자가 전자가 느끼는 유효 핵전하는 8보다 크다.
ㄷ. C의 원자가 전자가 느끼는 유효 핵전하는 3보다 크다.

① ㄱ　② ㄴ　③ ㄱ, ㄷ　④ ㄴ, ㄷ　⑤ ㄱ, ㄴ, ㄷ

---

3. 그림은 2주기 원소 W~Z로 구성된 분자 (가)~(다)의 구조식을 나타낸 것이다. (가)~(다)에서 모든 원자는 옥텟 규칙을 만족한다.

$$W-X-W \qquad X=Y=X \qquad W-Y\equiv Z$$
(가)　　　　　(나)　　　　　(다)

(가)~(다)에 대한 설명으로 옳은 것만을 <보기>에서 있는 대로 고른 것은? (단, W~Z는 임의의 원소 기호이다.)

<보 기>
ㄱ. W는 17족 원소이다.
ㄴ. Z_2W_4에는 다중 결합이 있다.
ㄷ. 결합각은 (가)와 (나)가 같다.

① ㄱ　② ㄴ　③ ㄷ　④ ㄱ, ㄴ　⑤ ㄴ, ㄷ

---

4. 표는 원소 V~Z에 대한 자료이다.

족 주기	1	2	…	16	17
2	V		…	W	X
3	Y	Z	…		

이에 대한 설명으로 옳은 것만을 <보기>에서 있는 대로 고른 것은? (단, V~Z는 임의의 원소 기호이다.)

<보 기>
ㄱ. 제1 이온화 에너지는 V > Y이다.
ㄴ. 원자가 전자 수는 W > X이다.
ㄷ. Ne의 전자배치를 갖는 이온의 반지름은 Y > Z이다.

① ㄱ　② ㄴ　③ ㄱ, ㄷ　④ ㄴ, ㄷ　⑤ ㄱ, ㄴ, ㄷ

---

5. 그림은 화합물 WX와 XYZ를 화학 결합 모형으로 나타낸 것이다.

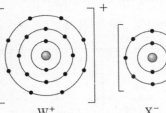 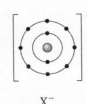 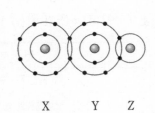

W^+　　　X^-　　　X　Y　Z

이에 대한 설명으로 옳은 것만을 <보기>에서 있는 대로 고른 것은? (단, W~Z는 임의의 원소 기호이다.)

<보 기>
ㄱ. W(s)는 연성(뽑힘성)이 있다.
ㄴ. XYZ는 공유 결합 물질이다.
ㄷ. W와 Y는 2:1로 결합하여 안정한 화합물을 형성한다.

① ㄱ　② ㄷ　③ ㄱ, ㄴ　④ ㄴ, ㄷ　⑤ ㄱ, ㄴ, ㄷ

6. 다음은 A(g)와 B(g)가 반응하여 C(g)가 생성되는 화학 반응식이다.

$$2A(g) + B(g) \rightarrow 2C(g)$$

그림은 실린더에 A(g)와 B(g)를 넣고 반응을 완결시켰을 때, 반응 전과 후 실린더에 존재하는 물질을 나타낸 것이다. 실린더 내 전체 기체의 밀도는 반응 후가 반응 전의 $\frac{4}{3}$ 배이다.

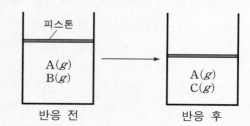

반응 전 실린더 내 A(g)의 양(mol)
―――――――――――――――― 은? (단, 실린더 속 기체의
반응 후 실린더 내 A(g)의 양(mol)

온도와 압력은 일정하다.) [3점]

① 1　　② 2　　③ 3　　④ 4　　⑤ 5

7. 표는 밀폐된 진공 용기에 $H_2O(l)$ 1 mol을 넣은 후 시간에 따른 $\frac{B}{A}$ 와 $H_2O(g)$의 응축 속도를 나타낸 것이다. A와 B는 각각 $H_2O(l)$의 양(mol)과 $H_2O(g)$의 양(mol) 중 하나이고, t_2에서 $H_2O(l)$과 $H_2O(g)$은 동적 평형 상태에 도달하였다. $0 < t_1 < t_2 < t_3$이다.

시간	t_1	t_2	t_3
$\frac{B}{A}$	5		10
$H_2O(g)$의 응축 속도(상댓값)	a	b	

이에 대한 설명으로 옳은 것만을 <보기>에서 있는 대로 고른 것은? (단, 온도는 일정하다.)

―――――――〈보 기〉―――――――
ㄱ. $a > b$이다.
ㄴ. B는 $H_2O(g)$의 양(mol)이다.
ㄷ. t_2에서 $H_2O(l)$는 0.1 mol 존재한다.

① ㄱ　　② ㄴ　　③ ㄷ　　④ ㄱ, ㄷ　　⑤ ㄴ, ㄷ

8. 표는 2주기 바닥상태 원자 X~Z에 대한 자료이다. n은 주 양자수이고, l은 방위(부) 양자수이며, 전기 음성도는 Y > Z이다.

원자	X	Y	Z
홀전자 수	1	2	3
$n - l = 1$인 오비탈에 들어 있는 전자 수	2	a	

이에 대한 설명으로 옳은 것만을 <보기>에서 있는 대로 고른 것은? (단, X~Z는 임의의 원소 기호이다.) [3점]

―――――――〈보 기〉―――――――
ㄱ. $a = 4$이다.
ㄴ. X는 13족 원소이다.
ㄷ. 전자가 들어 있는 오비탈 수는 Y와 Z가 같다.

① ㄱ　　② ㄷ　　③ ㄱ, ㄴ　　④ ㄴ, ㄷ　　⑤ ㄱ, ㄴ, ㄷ

9. 표는 원소 W~Z로 이루어진 이온 결합 물질 (가)~(다)에 대한 자료이다. (가)~(다)에서 모든 이온은 Ne 또는 Ar과 같은 전자 배치를 가지며, W는 17족 원소이다.

물질	(가)	(나)	(다)
화학식	WX	WY	ZY
녹는점(℃)	993	801	770

이에 대한 설명으로 옳은 것만을 <보기>에서 있는 대로 고른 것은? (단, W~Z는 임의의 원소 기호이다.)

―――――――〈보 기〉―――――――
ㄱ. 물질을 이루고 있는 양이온과 음이온 간 정전기적 인력은 (가)에서가 (나)에서보다 크다.
ㄴ. 원자 반지름은 X > Z이다.
ㄷ. W는 2주기 원소이다.

① ㄴ　　② ㄷ　　③ ㄱ, ㄴ　　④ ㄱ, ㄷ　　⑤ ㄱ, ㄴ, ㄷ

10. 다음은 A(l)와 B(l)를 이용한 실험이다.

[자료]
○ t℃에서 A(l)의 밀도: d_1 g/mL
○ t℃에서 B(l)의 밀도: d_2 g/mL

[실험 과정 및 결과]
(가) A(l) V mL를 부피 플라스크에 넣고 물을 넣어 x M A(aq) 100 mL를 만든다.
(나) B(l) $2V$ mL를 부피 플라스크에 넣고 물을 넣어 y M B(aq) 50 mL를 만든다.

$\dfrac{\text{A의 분자량}}{\text{B의 분자량}}$ 은? (단, 용액의 온도는 t℃로 일정하고, 혼합 용액의 부피는 혼합 전 각 용액의 부피의 합과 같다.) [3점]

① $\dfrac{yd_1}{2xd_2}$　② $\dfrac{yd_1}{4xd_2}$　③ $\dfrac{xd_2}{2yd_1}$　④ $\dfrac{xd_2}{4yd_1}$　⑤ $\dfrac{yd_2}{2xd_1}$

11. 표는 2주기 원자 X~Z로 이루어진 분자 (가)~(다)에 대한 자료이다. (가)~(다)에서 모든 원자는 옥텟 규칙을 만족한다.

분자	분자식	비공유 전자쌍 수 (상댓값)	부분적인 음전하(δ^-)를 띠는 원자 수
(가)	XY_2	1	2
(나)	YZ_2	2	a
(다)	X_2Z_n	3	b

이에 대한 설명으로 옳은 것만을 <보기>에서 있는 대로 고른 것은? (단, X~Z는 임의의 원소 기호이다.) [3점]

―――――――〈보 기〉―――――――
ㄱ. 전기 음성도는 Y > Z이다.
ㄴ. $n = 4$이다.
ㄷ. $a + b = 6$이다.

① ㄱ　　② ㄴ　　③ ㄷ　　④ ㄱ, ㄷ　　⑤ ㄴ, ㄷ

12. 그림 (가)는 금속 이온 $X^{m+}(aq)$이 들어 있는 비커를 나타낸 것이고, (나)와 (다)는 (가)와 (나)의 비커에 각각 금속 $Y(s)$를 넣어 반응을 완결시켰을 때 반응 후 혼합 용액에 존재하는 양이온의 종류와 양을 나타낸 것이다.

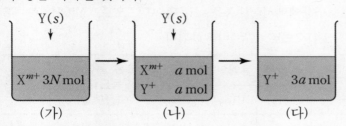

이에 대한 설명으로 옳은 것만을 <보기>에서 있는 대로 고른 것은? (단, X와 Y는 임의의 원소 기호이고, X와 Y는 물과 반응하지 않으며, 음이온은 반응에 참여하지 않는다.)

—————<보 기>—————
ㄱ. (나)에서 (다)가 될 때 $Y(s)$는 환원제로 작용한다.
ㄴ. $m = 2$이다.
ㄷ. $a = N$이다.

① ㄱ ② ㄴ ③ ㄷ ④ ㄱ, ㄴ ⑤ ㄴ, ㄷ

13. 다음은 중화 적정을 이용하여 화합물 $X(s)$ 1g에 들어 있는 아세트산(CH_3COOH)의 질량을 알아보기 위한 실험이다.

[실험 과정]
(가) 소량의 물에 1g $X(s)$을 모두 녹인다.
(나) 50mL 부피 플라스크에 (가)의 수용액을 모두 넣고 표시된 눈금선까지 물을 넣고 섞는다.
(다) (나)의 수용액 20mL를 취하여 삼각 플라스크에 넣는다.
(라) (다)의 삼각 플라스크에 0.2M $NaOH(aq)$을 한 방울씩 떨어뜨리면서 삼각 플라스크를 흔들어 준다.
(마) (라)의 삼각 플라스크 속 수용액 전체가 붉은색으로 변하는 순간 적정을 멈추고 적정에 사용된 $NaOH(aq)$의 부피를 측정한다.

[실험 결과]
○ 적정에 사용된 $NaOH(aq)$의 부피(mL): 25mL
○ 1g $X(s)$에 들어 있는 CH_3COOH의 질량: xg

x는? (단, CH_3COOH의 분자량은 60이고, 온도는 25℃로 일정하며, 중화 적정 과정에서 $X(s)$에 포함된 물질 중 CH_3COOH만 NaOH과 반응한다.)

① $\frac{1}{2}$ ② $\frac{7}{12}$ ③ $\frac{2}{3}$ ④ $\frac{3}{4}$ ⑤ $\frac{5}{6}$

14. 다음은 2, 3주기 바닥상태 원자 W~Z에 대한 자료이다. n은 주 양자수이고, l은 방위(부) 양자수이며, m_l은 자기 양자수이다.

—————————————————————
○ $m_l = 0$인 오비탈에 들어 있는 전자 수는 W > X > Y이다.
○ $\dfrac{p \text{ 오비탈에 들어 있는 전자 수}}{s \text{ 오비탈에 들어 있는 전자 수}}$ 는 X > W = Z > Y이다.
○ 제1 이온화 에너지는 Y > Z > X이다.
—————————————————————

이에 대한 설명으로 옳은 것만을 <보기>에서 있는 대로 고른 것은? (단, W~Z는 임의의 원소 기호이다.) [3점]

—————<보 기>—————
ㄱ. 제2 이온화 에너지는 X > W이다.
ㄴ. s오비탈에 들어 있는 전자 수는 Y와 Z가 같다.
ㄷ. $n + l = 3$인 오비탈에 들어 있는 전자 수는 W > Y이다.

① ㄱ ② ㄷ ③ ㄱ, ㄴ ④ ㄴ, ㄷ ⑤ ㄱ, ㄴ, ㄷ

15. 다음은 금속 M과 관련된 산화 환원 반응에 대한 자료이다.

—————————————————————
○ 화학 반응식:
$$a\underset{\textstyle \text{㉠}}{ClO_x^-} + bM + cH^+ \rightarrow dCl_2 + b\underset{\textstyle \text{㉡}}{M^{x+}} + eH_2O \quad (a\text{~}e\text{는 반응 계수})$$
○ ㉠에서 Cl의 산화수와 ㉡에서 M의 산화수의 차이는 2이다.
○ H_2O 1mol이 생성될 때 반응한 M의 양은 $y$mol이다.
—————————————————————

$x \times y$는? (단, M은 임의의 원소 기호이다.)

① $\frac{5}{3}$ ② 2 ③ $\frac{7}{3}$ ④ $\frac{8}{3}$ ⑤ 3

16. 표는 25℃의 수용액 (가)와 (나)에 대한 자료이다.

수용액	pH	H_3O^+의 양(mol)	OH^-의 양(mol)	부피(mL)
(가)	x	$10^5 a$	n	V_1
(나)	$3x$	$10^{-3} a$	n	V_2

이에 대한 설명으로 옳은 것만을 <보기>에서 있는 대로 고른 것은? (단, 온도는 25℃로 일정하고, 25℃에서 물의 이온화 상수(K_w)는 1×10^{-14}이다.) [3점]

—————<보 기>—————
ㄱ. $x = 2$이다.
ㄴ. $V_1 = 10^3 V_2$이다.
ㄷ. $a = 10^4 n$이다.

① ㄱ ② ㄴ ③ ㄷ ④ ㄱ, ㄴ ⑤ ㄴ, ㄷ

17. 다음은 실린더 (가)와 (나)에 담긴 기체에 대한 자료이다.

○ 원자 X와 Y에 대한 자료

원자	^aX	^bY
전자 수	n	$n+1$
중성자수	n	$n+2$

피스톤
(가): $XY_2(g)$, $Y_2(g)$
(나): $X_2(g)$, $Y_2(g)$

○ (가)에서 XY_2와 Y_2는 각각 $^aX^bY^{b+1}Y$, $^bY^{b+1}Y$로 존재하고, (나)에서 X_2와 Y_2는 각각 $^{a+1}X_2$와 $^bY_2$로 존재한다.

○ 실린더 내 전체 원자수는 (가):(나)=5:6이고, 실린더 내 존재하는 ^bY의 양(mol)은 (가):(나)=1:2이다.

○ (가)와 (나)에서 실린더 내 기체의 총 부피 비와 질량 비는 각각 2:3, 6:7이다.

$\dfrac{\text{(나)에 들어 있는 전체 중성자수}}{\text{(가)에 들어 있는 전체 양성자수}}$ 는? (단, X와 Y는 임의의 원소 기호이고, 실린더 속 기체의 온도와 압력은 일정하며, ^aX, ^{a+1}X, ^bY, ^{b+1}Y의 원자량은 각각 a, $a+1$, b, $b+1$이다.) [3점]

① 1   ② $\dfrac{7}{6}$ ③ $\dfrac{4}{3}$ ④ $\dfrac{3}{2}$ ⑤ $\dfrac{5}{3}$

18. 표는 실린더 (가)와 (나)에 들어 있는 기체에 대한 자료이다.

(나)에 들어 있는 $\dfrac{\text{Y의 질량(g)}}{\text{Z의 질량(g)}}=\dfrac{3}{14}$ 이다.

실린더	기체의 종류와 질량(g)		단위 부피당 X 원자 수 (상댓값)	전체 기체의 밀도 (상댓값)
	$X_nY_n(g)$	$X_2Z_2(g)$		
(가)	$4w$	0	3	6
(나)	$3w$	$2w$	2	5

$n \times \dfrac{\text{Y의 원자량}}{\text{X의 원자량}}$ 은? (단, 실린더 속 기체의 온도와 압력은 일정하며, 실린더 내 모든 기체들은 반응하지 않는다.)

① $\dfrac{1}{6}$ ② $\dfrac{1}{4}$ ③ $\dfrac{1}{3}$ ④ $\dfrac{1}{2}$ ⑤ 1

19. 다음은 aM A(aq)과 bM B(aq), cM C(aq)의 부피를 달리하여 혼합한 용액 (가)~(다)에 대한 자료이다. A~C는 각각 H_2X, NaOH, $Y(OH)_2$ 중 하나이다.

○ 수용액에서 H_2X은 H^+과 X^{2-}으로, $Y(OH)_2$는 Y^{2+}과 OH^-으로 모두 이온화된다.

혼합 용액	혼합 전 용액의 부피(mL)			모든 음이온의 몰 농도(M) 합 (상댓값)	$\dfrac{\text{음이온 수}}{\text{양이온 수}}$
	A(aq)	B(aq)	C(aq)		
(가)	20	10	0	$\dfrac{2}{3}$	$\dfrac{1}{2}$
(나)	20	20	10	$\dfrac{4}{5}$	
(다)	30	15	15	$\dfrac{5}{8}$	

○ (나)는 산성이다.

○ 생성된 H_2O의 양(mol)은 (가):(나)=5:9이다.

(가)~(다)를 모두 혼합한 용액에서의 $\dfrac{X^{2-}\text{의 몰 농도(M)}}{Y^{2+}\text{의 몰 농도(M)}}$ 는? (단, 혼합 용액의 부피는 혼합 전 각 용액의 부피의 합과 같고, X^{2-}, Y^{2+}, Na^+는 반응하지 않으며, 물의 자동 이온화는 무시한다.) [3점]

① $\dfrac{17}{5}$ ② $\dfrac{18}{5}$ ③ $\dfrac{19}{5}$ ④ 4   ⑤ $\dfrac{21}{5}$

20. 다음은 A(s)와 B(g)가 반응하여 C(g)가 생성되는 반응의 화학 반응식이다.

$$2A(s) + 3B(g) \rightarrow cC(g) \quad (c는 \ 반응 \ 계수)$$

표는 B(g) xg이 들어 있는 실린더에 A(s)의 질량을 달리하여 넣고 반응을 완결시킨 실험 I~IV에 대한 자료이다. $\dfrac{\text{A의 화학식량}}{\text{B의 분자량}}=6$이다.

실험	I	II	III	IV
넣어 준 A(s)의 질량(g)	w	$2w$	$3w$	y
기체의 밀도(상댓값)	1	$\dfrac{5}{3}$	$\dfrac{13}{5}$	4

$c \times \dfrac{x}{y}$ 는? (단, 실린더 속 기체의 온도와 압력은 일정하다.) [3점]

① $\dfrac{1}{6}$ ② $\dfrac{1}{3}$ ③ $\dfrac{1}{2}$ ④ $\dfrac{2}{3}$ ⑤ $\dfrac{5}{6}$

---

* 확인 사항

○ 답안지의 해당란에 필요한 내용을 정확히 기입(표기)했는지 확인 하시오.

제 4 교시   # 과학탐구 영역(화학 I)

성명 [   ]   수험 번호 [| | | | | — | | | |]   제 [ ] 선택

화학 I

---

1. 다음은 화학의 유용성에 대한 자료이다.

○ 질소 (N₂)와 수소 (H₂)를 반응시켜 만든 ⊙암모니아(NH₃)는 [ⓛ](으)로 이용된다.

○ 아세트산(CH₃COOH)은 [ⓒ]에 이용된다.

이에 대한 설명으로 옳은 것만을 〈보기〉에서 있는 대로 고른 것은?

─── 〈보 기〉 ───
ㄱ. ⊙은 탄소 화합물이다.
ㄴ. '질소 비료의 원료'는 ⓛ으로 적절하다.
ㄷ. '의약품 제조'는 ⓒ으로 적절하다.

① ㄱ   ② ㄴ   ③ ㄱ, ㄷ   ④ ㄴ, ㄷ   ⑤ ㄱ, ㄴ, ㄷ

---

2. 표는 2주기 원소 X와 Y로 구성된 분자 (가)와 (나)에 대한 자료이다. (가)와 (나)에서 모든 원자는 옥텟 규칙을 만족한다.

분자	(가)	(나)
분자식	X_2Y_2	X_2Y_4
비공유 전자쌍 수 − 공유 전자쌍 수	a	$6a$

이에 대한 설명으로 옳은 것만을 〈보기〉에서 있는 대로 고른 것은? (단, X와 Y는 임의의 원소 기호이다.)

─── 〈보 기〉 ───
ㄱ. X는 탄소(C)이다.
ㄴ. (가)와 (나)에는 모두 다중 결합이 존재한다.
ㄷ. $a=1$이다.

① ㄱ   ② ㄷ   ③ ㄱ, ㄴ   ④ ㄴ, ㄷ   ⑤ ㄱ, ㄴ, ㄷ

---

3. 그림은 바닥상태 원자 A, B의 전자 배치와 화합물 DC₂의 화학 결합을 모형으로 나타낸 것이다.

A   B   C⁻   D²⁺   C⁻

이에 대한 설명으로 옳은 것만을 〈보기〉에서 있는 대로 고른 것은? (단, A~D는 임의의 원소 기호이다.)

─── 〈보 기〉 ───
ㄱ. BC₂는 공유 결합 물질이다.
ㄴ. DC₂(s)는 전기 전도성이 있다.
ㄷ. A와 C는 1:1로 결합하여 안정한 화합물을 형성한다.

① ㄱ   ② ㄴ   ③ ㄱ, ㄷ   ④ ㄴ, ㄷ   ⑤ ㄱ, ㄴ, ㄷ

---

4. 다음은 분자 (가)~(다)와 관련된 탐구 활동이다. (가)~(다)는 각각 CF₄, NF₃, OF₂ 중 하나이다.

[탐구 과정]
○ (가)~(다)를 다음과 같은 기준에 따라 배점한다.

기준	배점
분자에서 부분적인 음전하(δ^-)를 띠는 원자에 대한 배점	부분적인 음전하(δ^-)를 띠는 원자 1개당 1점
중심 원자에 대한 배점	중심 원자가 부분적인 양전하(δ^+)를 띠면 2점
분자 구조에 대한 배점	분자가 입체 구조면 1점

[탐구 결과]
○ (가)~(다)의 총점

분자	(가)	(나)	(다)
총점	6	4	a

(나)와 a로 옳은 것은? [3점]

	(나)	a		(나)	a
①	CF₄	5	②	NH₃	7
③	NH₃	5	④	OF₂	7
⑤	OF₂	5			

---

5. 표는 밀폐된 진공 용기에 H₂O(l)을 넣은 후 시간에 따른 $\dfrac{⊙의\ 양(mol)}{H_2O(l)의\ 증발\ 속도}$에 대한 자료이다. ⊙은 각각 H₂O(l) 또는 H₂O(g) 중 하나이다. t_3일 때 H₂O(l)과 H₂O(g)는 동적 평형 상태에 도달하였고, $0 < t_1 < t_2 < t_3 < t_4$이다.

시간	t_1	t_2	t_3	t_4
$\dfrac{⊙의\ 양(mol)}{H_2O(l)의\ 증발\ 속도}$	2	1	a	b

이에 대한 설명으로 옳은 것만을 〈보기〉에서 있는 대로 고른 것은? (단, 온도는 일정하다.) [3점]

─── 〈보 기〉 ───
ㄱ. ⊙은 H₂O(g)이다.
ㄴ. $a=b$이다.
ㄷ. H₂O(l)의 양(mol)은 t_4일 때가 t_2일 때보다 크다.

① ㄱ   ② ㄴ   ③ ㄱ, ㄷ   ④ ㄴ, ㄷ   ⑤ ㄱ, ㄴ, ㄷ

6. 다음은 2주기 바닥상태 원자 W~Z에 대한 자료이다.

○ W~Z의 $\dfrac{원자가\ 전자\ 수}{전자가\ 들어\ 있는\ 오비탈\ 수}$ 는 a로 같다.

○ 원자가 전자가 느끼는 유효 핵전하는 X > W > Y이다.

○ 제2 이온화 에너지는 W > Z > Y이다.

이에 대한 설명으로 옳은 것만을 〈보기〉에서 있는 대로 고른 것은? (단, W~Z는 임의의 원소 기호이다.)

─────〈보 기〉─────

ㄱ. $a=1$이다.

ㄴ. 홀전자 수는 Z > Y이다.

ㄷ. p 오비탈에 들어 있는 전자 수의 비는 W : X = 1 : 3이다.

① ㄱ 　　② ㄷ 　　③ ㄱ, ㄴ 　　④ ㄴ, ㄷ 　　⑤ ㄱ, ㄴ, ㄷ

7. 다음은 금속 X~Z의 산화 환원 반응 실험이다.

[실험 과정]

(가) X^{3+}이 들어 있는 수용액에 $Z(s)$를 넣어 반응을 완결시켰다.

(나) Y^+이 들어 있는 수용액에 $Z(s)$를 넣어 반응을 완결시켰다.

과정	반응 전 수용액에 존재하는 양이온의 양(mol)	반응 후 수용액에 존재하는 양이온의 양(mol)
(가)	$2N$	$3N$
(나)	xN	$4N$

[실험 결과]

○ (가)에서 반응 후 수용액에 존재하는 양이온의 종류는 1가지이다.

○ (나)에서 반응 후 수용액에 존재하는 Y^+의 양은 mN mol이다.

$\dfrac{x}{m}$는? (단, X~Z는 임의의 원소 기호이고, X~Z는 물과 반응하지 않으며, 음이온은 반응에 참여하지 않는다.)

① 3 　　② 4 　　③ 5 　　④ 6 　　⑤ 7

8. 다음은 A(aq)을 만드는 실험이다. ㉠과 ㉡은 각각 $H_2O(l)$과 xM A(aq) 중 하나이다.

[실험 과정]

(가) $2a$M A(aq)을 준비한다.

(나) (가)의 A(aq) 300 mL와 ㉠ 100 mL를 혼합하여 수용액 Ⅰ을 만든다.

(다) (가)의 A(aq) 200 mL와 ㉡ 300 mL를 혼합하여 수용액 Ⅱ를 만든다.

(라) 수용액 Ⅰ 200 mL와 수용액 Ⅱ 300 mL를 혼합하여 수용액 Ⅲ을 만든다.

[실험 결과]

○ 몰 농도(M)는 Ⅱ가 Ⅰ보다 크다.

○ Ⅲ의 몰 농도는 $3.6a$M이다.

x는? (단, 온도는 25℃로 일정하며, 혼합 용액의 부피는 혼합 전 각 용액의 부피의 합과 같다.) [3점]

① $6a$ 　　② $7a$ 　　③ $8a$ 　　④ $9a$ 　　⑤ $10a$

9. 표는 3가지 각각의 분자에서 X의 전기 음성도(a)와 나머지 구성 원소의 전기 음성도(b) 차($a-b$)를 나타낸 것이다. W~Z는 각각 3주기의 14~17족 원소 중 하나이고, 분자에서 모든 원자는 옥텟 규칙을 만족한다.

분자	YX_4	ZX_x	WX_y
전기 음성도 차($a-b$)	z	0.5	0.9

이에 대한 설명으로 옳은 것만을 〈보기〉에서 있는 대로 고른 것은? (단, W~Z는 임의의 원소 기호이다.)

─────〈보 기〉─────

ㄱ. $z > 0.9$이다.

ㄴ. YX_4에는 극성 공유 결합이 있다.

ㄷ. $\dfrac{x}{y}=\dfrac{2}{3}$이다.

① ㄱ 　　② ㄷ 　　③ ㄱ, ㄴ 　　④ ㄴ, ㄷ 　　⑤ ㄱ, ㄴ, ㄷ

10. 다음은 2, 3주기 바닥상태 원자 W~Z에 대한 자료이다.

원자	W	X	Y	Z
$\dfrac{홀전자\ 수+원자가\ 전자\ 수}{s\ 오비탈에\ 들어\ 있는\ 전자\ 수}$	$\dfrac{1}{a}$	a	$2a$	$4a$

○ 전자가 2개 들어 있는 오비탈 수의 비는 X : Y : Z = 1 : 3 : 2이다.

○ W의 홀전자 수는 X~Z의 홀전자 수의 합과 같다.

이에 대한 설명으로 옳은 것만을 〈보기〉에서 있는 대로 고른 것은? (단, W~Z는 임의의 원소 기호이다.) [3점]

─────〈보 기〉─────

ㄱ. X와 Y는 같은 주기 원소이다.

ㄴ. 원자가 전자가 느끼는 유효 핵전하는 Z > X이다.

ㄷ. Ne의 전자 배치를 갖는 이온의 반지름은 W > Z이다.

① ㄱ 　　② ㄴ 　　③ ㄱ, ㄷ 　　④ ㄴ, ㄷ 　　⑤ ㄱ, ㄴ, ㄷ

11. 다음은 바닥상태 원자 A에서 전자가 들어 있는 오비탈 (가)~(라)에 대한 자료이다. (가)~(라)는 각각 $1s$, $2s$, $2p$, $3s$, $3p$ 중 하나이고, n은 주 양자수이고, l은 방위(부) 양자수이다. A의 원자 번호는 13~17중 하나이다.

○ $n+l$는 (가) > (다) = (라)이다.

○ $n-l$는 (라) > (나) = (다)이다.

○ 들어 있는 전자 수는 (가)와 (라)가 a로 같다.

이에 대한 설명으로 옳은 것만을 〈보기〉에서 있는 대로 고른 것은? (단, A는 임의의 원소 기호이다.) [3점]

─────〈보 기〉─────

ㄱ. A의 원자 번호는 16이다.

ㄴ. $a=2$이다.

ㄷ. $\dfrac{n-l}{n}$는 (다) > (가)이다.

① ㄱ 　　② ㄴ 　　③ ㄷ 　　④ ㄱ, ㄴ 　　⑤ ㄴ, ㄷ

12. 다음은 실린더에 $XY(g)$와 $Y_3(g)$의 반응에 대한 실험이다. 반응 전과 후 실린더 속 전체 기체의 밀도는 각각 d_1과 d_2이다.

[자료]
○ $d_1 : d_2 = 4 : 5$이다.

[실험 결과]
○ 반응 전과 후 실린더에 존재하는 물질과 양

반응 전	반응 후
$XY(g)$, 3 mol	$Y_3(g)$, 1 mol
$Y_3(g)$, 2 mol	$X_mY_n(g)$, x mol

$\dfrac{x}{m+n}$는? (단, X와 Y는 임의의 원소 기호이고, 실린더 속 기체의 온도와 압력은 일정하다.)

① 1　　② 2　　③ 3　　④ 4　　⑤ 5

13. 다음은 바닥상태 원자 W~Z에 대한 자료이다. ㉠과 ㉡은 각각 원자 반지름과 제2 이온화 에너지 중 하나이고, W~Z는 N, O, Si, P을 순서 없이 나타낸 것이다.

○ W~Z에서 ㉠은 Z가 가장 크고, Y가 가장 작다.
○ ㉡은 X > W이다.
○ 제1 이온화 에너지는 W > X이다.

이에 대한 설명으로 옳은 것만을 〈보기〉에서 있는 대로 고른 것은?

─── 〈보 기〉 ───
ㄱ. ㉠은 제2 이온화 에너지이다.
ㄴ. 18족 원소의 전자 배치를 갖는 이온의 반지름은 W > Z이다.
ㄷ. $\dfrac{\text{홀전자 수}}{\text{제1 이온화 에너지}}$는 Z > Y이다.

① ㄱ　　② ㄷ　　③ ㄱ, ㄴ　　④ ㄴ, ㄷ　　⑤ ㄱ, ㄴ, ㄷ

14. 다음은 금속 X, Y와 관련된 산화 환원 반응에 대한 자료이다. X의 산화물에서 O의 산화수는 -2이다.

○ 화학 반응식 :
$XO_4^{m-} + aY + bH_2O \rightarrow X + aY^{n+} + cOH^-$
　　　　　　　　　　　　($a \sim c$는 반응 계수)
○ XO_4^{m-} m mol이 반응할 때 생성된 Y^{n+}의 양은 $3b$ mol이다.
○ Y a mol이 반응할 때 이동한 전자의 양은 6 mol이다.

$n+c$는? (단, X와 Y는 임의의 원소 기호이다.) [3점]

① 9　　② 10　　③ 11　　④ 12　　⑤ 13

15. 표는 자연계에 존재하는 질소(N)와 산소(O)의 동위 원소에 대한 자료이다. $a+b+c=100$이고, $a>c>b$이다.

원소	동위 원소	원자량	존재 비율(%)
$_7N$	$_7^{14}N$	14	99.6
	$_7^{15}N$	15	0.4
$_8O$	$_8^{16}O$	16	a
	$_8^{17}O$	17	b
	$_8^{18}O$	18	c

이에 대한 설명으로 옳은 것만을 〈보기〉에서 있는 대로 고른 것은? [3점]

─── 〈보 기〉 ───
ㄱ. O의 평균 원자량은 17보다 작다.
ㄴ. $\dfrac{\text{분자량이 45인 } N_2O \text{의 존재 비율(\%)}}{\text{분자량이 47인 } N_2O \text{의 존재 비율(\%)}} > 1$이다.
ㄷ. $\dfrac{1\,mol의\ N_2\ 중\ 분자량이\ 30인\ N_2의\ 전체\ 중성자의\ 수}{1\,mol의\ NO\ 중\ 분자량이\ 33인\ NO의\ 전체\ 중성자의\ 수} = \dfrac{16}{45c}$
이다.

① ㄱ　　② ㄷ　　③ ㄱ, ㄴ　　④ ㄴ, ㄷ　　⑤ ㄱ, ㄴ, ㄷ

16. 표는 25℃의 물질 (가)~(다)에 대한 자료이다. (가)~(다)는 $HCl(aq)$, $H_2O(l)$, $NaOH(aq)$을 순서 없이 나타낸 것이다.

물질	pOH	$\dfrac{[OH^-]}{[H_3O^+]}$	OH^-의 양(mol)	부피(mL)
(가)	a	c		
(나)	b		d	$10V$
(다)	$3a$	1×10^{-10}	1×10^{-2b}	V

이에 대한 설명으로 옳은 것만을 〈보기〉에서 있는 대로 고른 것은? (단, 25℃에서 물의 이온화 상수(K_w)는 1×10^{-14}이다.) [3점]

─── 〈보 기〉 ───
ㄱ. (다)는 $H_2O(l)$이다.
ㄴ. $a+b=11$이다.
ㄷ. $c \times d = 10^{-2}$이다.

① ㄱ　　② ㄴ　　③ ㄱ, ㄷ　　④ ㄴ, ㄷ　　⑤ ㄱ, ㄴ, ㄷ

17. 다음은 중화 적정을 이용하여 식초 1g에 들어 있는 아세트산 (CH_3COOH)의 질량을 알아보기 위한 실험이다.

[실험 과정]
(가) 25℃에서 밀도가 d g/mL인 식초를 준비한다.
(나) (가)의 식초 30mL에 물을 넣어 100mL 수용액을 만든다.
(다) (나)에서 만든 수용액 40mL를 삼각 플라스크에 넣고 페놀프탈레인 용액을 2~3방울 떨어뜨린다.
(라) (다)의 삼각 플라스크에 0.4M $KOH(aq)$을 한 방울씩 떨어뜨리면서 삼각 플라스크를 흔들어 준다.
(마) (라)의 삼각 플라스크 속 수용액 전체가 붉은색으로 변하는 순간 적정을 멈추고 적정에 사용된 $KOH(aq)$의 부피는 V_1 mL이었다.
(바) 식초 30mL 대신 50mL를 사용하고 0.3M $KOH(aq)$ 대신 $\frac{5}{3}$ M $KOH(aq)$을 사용해서 과정 (나)~(마)를 반복하였을 때 적정에 사용된 $KOH(aq)$의 부피는 V_2 mL 이었다.

[실험 결과]
○ (가)에서 식초 1g에 들어 있는 CH_3COOH의 질량 : x g

$V_1 + V_2$는? (단, CH_3COOH의 분자량은 60이고, 온도는 25℃로 일정하며, 중화 적정 과정에서 식초에 포함된 물질 중 CH_3COOH만 KOH과 반응한다.) [3점]

① 500dx 　② 600dx 　③ 700dx 　④ 800dx 　⑤ 900dx

18. 표는 용기 (가)와 (나)에 들어 있는 기체에 대한 자료이다.

용기	기체	전체 기체의 질량(g)	$\dfrac{\text{X의 질량}}{\text{Y의 질량}}$
(가)	X_aY_b, X_bY_{2b}	60w	$\dfrac{7}{8}$
(나)	X_aY_a, X_bY_c	48w	$\dfrac{7}{5}$

○ (가)의 X_aY_b에 들어 있는 X의 질량은 14w g이다.
○ (가)에 들어 있는 X_aY_b와 X_bY_{2b}의 질량은 같다.
○ $\dfrac{\text{(가)에 들어 있는 } X_aY_b \text{의 양(mol)}}{\text{(나)에 들어 있는 } X_aY_a \text{의 양(mol)}}=1$이다.

$\dfrac{\text{X의 원자량}}{\text{Y의 원자량}} \times \dfrac{a}{c}$ 는? (단, X와 Y는 임의의 원소 기호이다.)

① $\dfrac{21}{9}$ 　② $\dfrac{21}{5}$ 　③ $\dfrac{7}{24}$ 　④ $\dfrac{7}{12}$ 　⑤ $\dfrac{7}{6}$

19. 다음은 aM $HCl(aq)$, bM $X(OH)_2(aq)$, cM $A(aq)$의 부피를 달리하여 혼합한 용액 (가)~(다)에 대한 자료이다. A는 NaOH 또는 H_2Y 중 하나이다.

○ 수용액에서 $X(OH)_2$는 X^{2+}과 OH^-으로, H_2Y는 H^+과 Y^{2-}으로 모두 이온화된다.

혼합 용액	혼합 전 용액의 부피(mL)			$\dfrac{X^{2+}\text{의 수}}{\text{전체 이온 수}}$
	$HCl(aq)$	$X(OH)_2(aq)$	$A(aq)$	
(가)	0	5	10	$\dfrac{1}{2}$
(나)	5	10	10	
(다)	20	20	20	

○ (나)와 (다)의 액성은 같다.
○ H^+과 OH^-의 양(mol)의 합은 (나)와 (다)가 같다.

(가) 5mL와 (다) 10mL를 혼합한 용액의 $\dfrac{X^{2+}\text{의 몰 농도(M)}}{Cl^-\text{의 몰 농도(M)}}$는?

(단, 혼합 용액의 부피는 혼합 전 각 용액의 부피의 합과 같으며, 물의 자동 이온화는 무시한다.)

① 2 　② $\dfrac{9}{4}$ 　③ $\dfrac{5}{2}$ 　④ $\dfrac{11}{4}$ 　⑤ 3

20. 다음은 $A(g)$와 $B(g)$가 반응하여 $C(g)$를 생성하는 반응의 화학 반응식이다.

$$A(g)+bB(g) \rightarrow C(g) \quad (b\text{는 반응 계수})$$

표는 $A(g)$가 들어 있는 실린더에 $B(g)$의 질량(g)을 점점 증가시켜 반응을 완결시킨 실험 I~IV에 대한 자료이다. I에서 반응 후 남은 반응물의 질량은 II에서 반응 후 남은 반응물의 질량의 2배이고, I과 II에서 반응 후 전체 기체의 부피는 같다.

실험	I	II	III	IV
$\dfrac{\text{반응 전 } A(g)\text{의 질량(g)}}{\text{반응 전 } B(g)\text{의 질량(g)}}$	14		$\dfrac{14}{3}$	$\dfrac{7}{2}$
반응 후 전체 기체의 밀도(g/L)	15d	$\dfrac{31}{2}d$	$\dfrac{17}{2}d$	nd

$\dfrac{n}{b}$은? (단, 실린더 속 기체의 온도와 압력은 일정하다.) [3점]

① 3 　② 4 　③ 5 　④ 6 　⑤ 7

* 확인 사항
○ 답안지의 해당란에 필요한 내용을 정확히 기입(표기)했는지 확인 하시오.

성명 [ ]   수험 번호 [ ][ ][ ][ ] ― [ ][ ][ ][ ]   제〔 〕선택

1. 다음은 물(H_2O)의 전기 분해 실험이다.

〔실험 목적〕
○ H_2O을 이루고 있는 화학 결합에 ⓐ 가 관여하는지 확인한다.

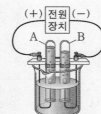
(+) 전원 (−)
장치
A   B
물 + 황산 나트륨

〔실험 과정〕
○ 황산 나트륨을 소량 녹인 물로 가득 채운 시험관 A와 B에 전극을 설치하고 전류를 흘려주어 생성되는 기체를 그림과 같이 각각의 시험관에 모은다.

〔실험 결과〕
○ 시험관에 각각 모은 기체의 부피(V) 비는 $V_A : V_B = 1 : 2$였다.

ⓐ과 시험관 A에서 모은 기체의 종류로 가장 적절한 것은?

	ⓐ	A		ⓐ	A
①	전자	H_2	②	전자	O_2
③	양성자	H_2	④	양성자	O_2
⑤	중성자	H_2			

2. 다음은 아세트산과 관련된 2가지 반응이다.

○ 반응Ⅰ : 에탄올의 산화
  ⓐ $C_2H_5OH + O_2 \rightarrow CH_3COOH + H_2O$
○ 반응Ⅱ : 산과 염기의 중화 반응
  ⓑ $CH_3COOH + NaOH \rightarrow H_2O + CH_3COONa$

이에 대한 설명으로 옳은 것만을 <보기>에서 있는 대로 고른 것은?

<보 기>
ㄱ. ⓐ은 손 소독제를 만드는 데 사용된다.
ㄴ. ⓑ을 물에 녹이면 염기성 수용액이 된다.
ㄷ. 반응Ⅱ는 발열 반응이다.

① ㄱ ② ㄷ ③ ㄱ, ㄴ ④ ㄱ, ㄷ ⑤ ㄴ, ㄷ

3. 그림은 2주기 원소 X~Z로 구성된 분자 XY_2와 YZ_2의 루이스 전자점식을 나타낸 것이다. X~Z는 분자 내에서 옥텟 규칙을 만족한다.

:Ÿ::X::Ÿ: :Z̈:Ÿ:Z̈:

X_2Z_2에서 $\dfrac{비공유\ 전자쌍\ 수}{공유\ 전자쌍\ 수}$는? (단, X~Z는 임의의 원소 기호이다.)

① $\dfrac{2}{3}$ ② 1 ③ $\dfrac{6}{5}$ ④ 2 ⑤ $\dfrac{10}{3}$

4. 다음은 학생 A가 수행한 탐구 활동이다.

〔학습 내용〕
○ 결합이 형성될 때의 에너지가 낮은 이온 결합 물질일수록 이온 사이의 정전기적 인력이 커져 녹는점이 높다.

〔가설〕
○ 이온 결합 물질은 이온 사이의 거리가 가까울수록 항상 녹는점이 높다.

〔탐구 과정〕
(가) NaF에서 이온 사이의 거리에 따른 에너지를 그래프로 나타내고, 에너지가 최소인 점 P_{NaF}를 기준으로 영역 Ⅰ~Ⅳ를 나눈다.
(나) NaF, KCl, MgO, CaO의 이온 사이의 거리를 조사하고, KCl, MgO, CaO의 에너지가 최소인 점(P_{KCl}, P_{MgO}, P_{CaO})을 (가)의 그래프에 이온 사이의 거리에 따라 각각 점으로 표시한다.

〔탐구 결과〕

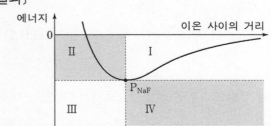
에너지
0   이온 사이의 거리
Ⅱ   Ⅰ
Ⅲ P_{NaF} Ⅳ

이온 결합 물질	NaF	KCl	MgO	CaO
이온 사이의 거리(pm)	231	x	210	240

〔결론〕
○ P_{CaO}가 영역 ⓐ 에 속하므로 가설은 옳지 않다.

학생 A의 탐구 결과와 결론이 타당할 때, 이에 대한 설명으로 옳은 것만을 <보기>에서 있는 대로 고른 것은? [3점]

<보 기>
ㄱ. ⓐ은 Ⅳ이다.
ㄴ. $x > 231$이다.
ㄷ. P_{MgO}는 Ⅲ에 속한다.

① ㄱ ② ㄷ ③ ㄱ, ㄴ ④ ㄴ, ㄷ ⑤ ㄱ, ㄴ, ㄷ

5. 다음은 PCl_x와 H_2O이 반응하는 반응의 화학 반응식이다.
  $PCl_x + 4H_2O \rightarrow aH_3PO_4 + bHCl$ (a, b는 반응 계수)

x는?

① 2 ② 3 ③ 4 ④ 5 ⑤ 6

6. 그림 (가)는 25℃의 물이 담긴 비커에 충분한 양의 설탕을 넣은 것을, (나)는 (가)의 비커를 유리 막대로 저어 용해 평형에 도달한 것을 나타낸 것이다.

(가)   (나)

이에 대한 설명으로 옳은 것만을 <보기>에서 있는 대로 고른 것은? (단, 온도는 25℃로 일정하고, 물의 증발은 무시한다.) [3점]

─────────< 보 기 >─────────
ㄱ. (가)에서 설탕의 용해는 일어나지 않는다.
ㄴ. (나)에서 설탕의 $\dfrac{석출\ 속도}{용해\ 속도}=1$이다.
ㄷ. (나)의 비커에 설탕을 추가로 더 넣으면 설탕 수용액의 몰 농도(M)는 증가한다.

① ㄱ   ② ㄴ   ③ ㄷ   ④ ㄱ, ㄴ   ⑤ ㄴ, ㄷ

7. 다음은 산화 환원 반응 (가)와 (나)의 화학 반응식이다.

─────────
(가) $CH_4 + 4F_2 \rightarrow CF_4 + 4HF$
(나) $Cr_2O_7^{2-} + aC_2H_6O + bH^+ \rightarrow cCr^{3+} + dC_2H_4O + eH_2O$
(a~e는 반응 계수)
─────────

이에 대한 설명으로 옳은 것만을 <보기>에서 있는 대로 고른 것은?

─────────< 보 기 >─────────
ㄱ. (가)에서 C의 산화수는 증가한다.
ㄴ. (나)에서 C_2H_6O는 산화제이다.
ㄷ. $\dfrac{b+c}{d+e}=1$이다.

① ㄱ   ② ㄴ   ③ ㄷ   ④ ㄱ, ㄴ   ⑤ ㄱ, ㄷ

8. 표는 2, 3주기 14~16족 바닥상태 원자 X~Z에 대한 자료이다.

원자	X	Y	Z
원자가 전자가 들어 있는 오비탈 수	a		$a+1$
전자가 2개 들어 있는 오비탈 수	$2a$	b	$a+b$

이에 대한 설명으로 옳은 것만을 <보기>에서 있는 대로 고른 것은? (단, X~Z는 임의의 원소 기호이다.)

─────────< 보 기 >─────────
ㄱ. $a+b=7$이다.
ㄴ. X와 Z는 같은 주기 원소이다.
ㄷ. 전자가 들어 있는 p 오비탈 수는 Z가 Y의 2배이다.

① ㄱ   ② ㄴ   ③ ㄷ   ④ ㄱ, ㄴ   ⑤ ㄴ, ㄷ

9. 그림은 2주기 원소 X~Z로 구성된 분자 (가)와 (나)의 구조식을 나타낸 것이다. (가)와 (나)에서 모든 원자는 옥텟 규칙을 만족한다.

$$\begin{array}{c} Z \quad\ Z \\ \ \ |\ \ \ \ |\!\!\diagup^{\alpha} \\ Z-X\!=\!X\!-\!Z \\ (가) \end{array} \qquad \begin{array}{c} Z \\ |\!\!\diagup^{\beta} \\ Z-Y\!-\!Z \\ (나) \end{array}$$

이에 대한 설명으로 옳은 것만을 <보기>에서 있는 대로 고른 것은? (단, X~Z는 임의의 원소 기호이다.) [3점]

─────────< 보 기 >─────────
ㄱ. (가)에서 X는 부분적인 양전하(δ^+)를 띤다.
ㄴ. (나)는 무극성 분자이다.
ㄷ. 결합각은 $\beta > \alpha$이다.

① ㄱ   ② ㄴ   ③ ㄱ, ㄷ   ④ ㄴ, ㄷ   ⑤ ㄱ, ㄴ, ㄷ

10. 그림 (가)는 수소 원자의 오비탈 A~D의 $n+m_l$과 $n+l$을, (나)는 오비탈 D를 모형으로 나타낸 것이다. n은 주 양자수이고, l은 방위(부) 양자수이며, m_l은 자기 양자수이다.

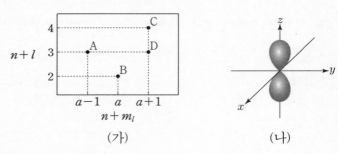

(가)   (나)

이에 대한 설명으로 옳은 것만을 <보기>에서 있는 대로 고른 것은?

─────────< 보 기 >─────────
ㄱ. $n-l$는 B > A이다.
ㄴ. A~D의 m_l 합은 0이다.
ㄷ. 에너지 준위는 C > D > B이다.

① ㄱ   ② ㄷ   ③ ㄱ, ㄴ   ④ ㄴ, ㄷ   ⑤ ㄱ, ㄴ, ㄷ

11. 표는 25℃의 수용액 (가)~(다)에 대한 자료이다. ㉠과 ㉡은 산성과 염기성을 순서 없이 나타낸 것이다.

용액	(가)	(나)	(다)
|pH − pOH| (상댓값)	1	2	3
$\dfrac{[OH^-]}{[H_3O^+]}$ (상댓값)	x	10^4	1
액성	㉠	㉡	㉡

이에 대한 설명으로 옳은 것만을 <보기>에서 있는 대로 고른 것은? (단, 25℃에서 물의 이온화 상수(K_w)는 1×10^{-14}이다.) [3점]

─────────< 보 기 >─────────
ㄱ. ㉠은 염기성이다.
ㄴ. $x = 10^{12}$이다.
ㄷ. $\dfrac{(가)의\ pOH + (다)의\ pOH}{(나)의\ pH}=6$이다.

① ㄱ   ② ㄴ   ③ ㄱ, ㄷ   ④ ㄴ, ㄷ   ⑤ ㄱ, ㄴ, ㄷ

12. 그림 (가)~(다)는 $t\,°C$에서 A(aq), B(aq), C(aq)을 각각 나타낸 것이고, 표는 각 수용액에 포함된 용질의 질량에 대한 자료이다. A와 B의 화학식량은 각각 $5a$와 $2a$이다.

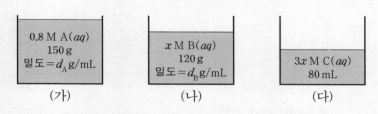

수용액	(가)	(나)	(다)
용질의 질량(g)	w	w	1

C의 화학식량은? [3점]

① $\dfrac{5d_A}{6d_B}$　② $\dfrac{5d_A}{3d_B}$　③ $\dfrac{5d_B}{6d_A}$　④ $\dfrac{5d_B}{3d_A}$　⑤ $\dfrac{5}{6}d_B$

13. 다음은 2, 3주기 바닥상태 원자 W~Z에 대한 자료이다.

○ W~Z의 전자 배치에 대한 자료

원자	W	X	Y	Z
$\dfrac{\text{홀전자 수}}{\text{전자가 들어 있는 } p \text{ 오비탈 수}}$	$\dfrac{1}{6}$	$\dfrac{1}{4}$	$\dfrac{1}{3}$	$\dfrac{1}{3}$

○ 전기 음성도는 Y > W이다.
○ 원자가 전자 수는 X > Z이다.

W~Z에 대한 설명으로 옳은 것만을 <보기>에서 있는 대로 고른 것은? (단, W~Z는 임의의 원소 기호이다.) [3점]

<보 기>
ㄱ. 3주기 원소는 3가지이다.
ㄴ. 제2 이온화 에너지는 Y가 가장 크다.
ㄷ. 원자가 전자가 느끼는 유효 핵전하는 X > W이다.

① ㄱ　② ㄴ　③ ㄷ　④ ㄱ, ㄴ　⑤ ㄱ, ㄷ

14. 다음은 용기에 들어 있는 Ar(g)과 CO_2(g)에 대한 자료이다.

○ 용기에 들어 있는 기체의 총 양은 4 mol이다.

^{40}Ar
^{12}C ^{16}O ^{18}O
4 mol

○ 용기에 들어 있는 양성자의 양은 x mol이다.
○ 용기에 들어 있는 중성자의 양은 $x + 9$ mol이다.

x는? (단, C, O, Ar의 원자 번호는 각각 6, 8, 18이다.)

① 78　② 80　③ 82　④ 84　⑤ 86

15. 다음은 25 °C에서 식초 A 1 g에 들어 있는 아세트산(CH_3COOH)의 질량을 알아보기 위한 중화 적정 실험이다.

〔자료〕
○ CH_3COOH의 분자량: M
○ 25 °C에서 식초 A의 밀도: d g/mL

〔실험 과정〕
(가) 식초 A 5 mL에 물을 넣어 수용액 100 mL를 만들었다.
(나) (가)의 수용액 10 mL를 삼각 플라스크에 넣고 페놀프탈레인 용액을 2~3방울 떨어뜨린다.
(다) (나)의 삼각 플라스크에 0.5 M NaOH(aq)을 한 방울씩 떨어뜨리면서 삼각 플라스크를 흔들어 준다.
(라) (다)의 삼각 플라스크 속 수용액 전체가 붉게 변하는 순간 적정을 멈추고 적정에 사용된 NaOH(aq)의 부피(V)를 측정한다.

〔실험 결과〕
○ V: 80 mL
○ 식초 A 1 g에 들어 있는 CH_3COOH의 질량: w g

w는? (단, 온도는 25 °C로 일정하고, 중화 적정 과정에서 식초 A에 포함된 물질 중 CH_3COOH만 NaOH과 반응한다.)

① $\dfrac{2M}{25d}$　② $\dfrac{4M}{25d}$　③ $\dfrac{4d}{25M}$　④ $\dfrac{2}{25}dM$　⑤ $\dfrac{4}{25}dM$

16. 다음은 금속 A~C의 산화 환원 반응 실험이다.

〔실험 과정〕
(가) 비커 Ⅰ과 Ⅱ에 A^{a+} x mol이 들어 있는 수용액을 각각 넣는다.
(나) (가)의 비커에 각각 금속 B $2N$ mol과 금속 C $2N$ mol을 넣어 반응을 완결시킨다.

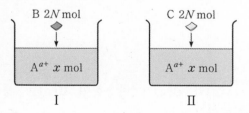

B $2N$ mol　　C $2N$ mol

A^{a+} x mol　　A^{a+} x mol
　Ⅰ　　　　　　　Ⅱ

〔실험 결과〕
○ 반응한 B와 C는 각각 B^{b+}과 C^{c+}이 되었다.
○ (나) 과정 후 비커에 들어 있는 고체 금속과 양이온에 대한 자료

비커	양이온의 몰비	$\dfrac{\text{전체 금속 양이온의 양(mol)}}{\text{전체 고체 금속의 양(mol)}}$
Ⅰ	$A^{a+} : B^{b+} = 5 : 2$	$7y$
Ⅱ	$A^{a+} : C^{c+} = 2 : 1$	$4y$

$\dfrac{c}{a} \times \dfrac{x}{y}$는? (단, A~C는 임의의 원소 기호이고, A~C는 물과 반응하지 않으며, 음이온은 반응에 참여하지 않는다.) [3점]

① $12N$　② $14N$　③ $18N$　④ $21N$　⑤ $24N$

17. 그림 (가)는 원자 W~Y의 원자 반지름과 이온 반지름을, (나)는 원자 X~Z의 제2 이온화 에너지를 나타낸 것이다. W~Z은 O, F, Na, Mg을 순서 없이 나타낸 것이고, ㉠과 ㉡은 각각 원자 반지름과 이온 반지름 중 하나이다.

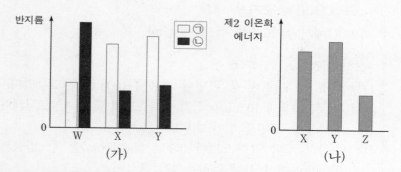

반지름　　　　　　　　　　제2 이온화 에너지
□ ㉠
■ ㉡
W　X　Y
(가)　　　　　　　　　　X　Y　Z
(나)

이에 대한 설명으로 옳은 것만을 <보기>에서 있는 대로 고른 것은? (단, W~Z의 이온은 모두 Ne의 전자 배치를 갖는다.) [3점]

─────────〈보 기〉─────────
ㄱ. ㉠은 이온 반지름이다.
ㄴ. 원자 반지름은 W > Z이다.
ㄷ. 제1 이온화 에너지는 X > Y이다.
─────────────────────────

① ㄱ　　② ㄷ　　③ ㄱ, ㄴ　　④ ㄴ, ㄷ　　⑤ ㄱ, ㄴ, ㄷ

18. 다음은 A(g)와 B(g)가 반응하여 C(g)를 생성하는 반응의 화학 반응식이다.

$$A(g) + B(g) \rightarrow 2C(g)$$

표는 A(g)와 B(g)의 질량을 달리하여 넣어 반응을 완결시킨 실험 Ⅰ과 Ⅱ에 대한 자료이다. $\dfrac{B의\ 분자량}{C의\ 분자량} = \dfrac{2}{17}$이다.

실험	반응 전		반응 후	
	A의 밀도 (g/L)	B의 밀도 (g/L)	C의 질량(g)	전체 기체의 부피(L)
Ⅰ	16d	7d	y	2V
Ⅱ	$x\,d$	4d	w	V

$x \times y$는? (단, 실린더 속 기체의 온도와 압력은 일정하다.)

① 16w　　② 24w　　③ 32w　　④ 40w　　⑤ 48w

19. 표는 용기 (가)와 (나)에 들어 있는 화합물에 대한 자료이다. (나)에서 $\dfrac{Z\ 원자\ 수}{X\ 원자\ 수} = 1$이다.

용기		(가)	(나)
화합물의 질량(g)	X_2Y_a	30w	10w
	XZ_b	0	15w
X의 전체 질량(g)		21w	14w
단위 질량당 전체 원자 수		25N	22N

$\dfrac{a}{b} \times \dfrac{Y의\ 원자량 + Z의\ 원자량}{X의\ 원자량}$은? (단, X~Z는 임의의 원소 기호이다.) [3점]

① $\dfrac{9}{7}$　　② $\dfrac{12}{7}$　　③ $\dfrac{15}{7}$　　④ $\dfrac{17}{7}$　　⑤ $\dfrac{18}{7}$

20. 다음은 중화 반응에 대한 실험이다.

〔실험 과정〕
(가) HCl(aq) 20 mL를 비커에 넣는다.
(나) (가)의 비커에 NaOH(aq) 60 mL를 넣는다.
(다) (나)의 비커에 0.75 M H₂A(aq) V mL를 넣는다.

〔실험 결과〕
○ 각 과정 후 혼합 용액에 대한 자료

과정	(가)	(나)	(다)
모든 양이온의 몰 농도(M) 합	a		4b
모든 음이온의 몰 농도(M) 합		a	3b

○ (다) 과정 후 혼합 용액 속 H⁺또는 OH⁻의 양은 0.01 mol이다.

$a + b$는? (단, 혼합 용액의 부피는 혼합 전 각 용액의 부피의 합과 같고, H₂A는 수용액에서 H⁺과 A²⁻으로 모두 이온화되며, 물의 자동 이온화는 무시한다.) [3점]

① $\dfrac{15}{28}$　　② $\dfrac{17}{28}$　　③ $\dfrac{5}{7}$　　④ $\dfrac{6}{7}$　　⑤ $\dfrac{25}{28}$

─────────────────────────
＊ 확인 사항
○ 답안지의 해당란에 필요한 내용을 정확히 기입(표기)했는지 확인하시오.
─────────────────────────